河南财经政法大学 | 城乡建设发展系列丛书

HENAN UNIVERSITY OF ECONOMICS AND LAW

本书为河南省哲学社会科学规划项目（项目编号：2022CJJ126）研究成果，获得河南省高等学校重点科研项目计划（项目编号：23A630017）支持

基于安全心理资本的建筑工人安全行为研究

RESEARCH ON CONSTRUCTION WORKERS' SAFETY BEHAVIORS BASED ON SAFETY PSYCHOLOGICAL CAPITAL

张瀚元 ◎ 著

U0268360

经济管理出版社

ECONOMY & MANAGEMENT PUBLISHING HOUSE

图书在版编目（CIP）数据

基于安全心理资本的建筑工人安全行为研究/张瀚元著 .—北京：经济管理出版社，2024.3

ISBN 978-7-5096-9623-1

Ⅰ.①基… Ⅱ.①张… Ⅲ.①建筑工程—安全生产—研究 Ⅳ.①TU714

中国国家版本馆 CIP 数据核字（2024）第 055038 号

组稿编辑：杨　雪
责任编辑：杨　雪
助理编辑：付姝怡
责任印制：黄章平
责任校对：陈　颖

出版发行：经济管理出版社
　　　　　（北京市海淀区北蜂窝 8 号中雅大厦 A 座 11 层　100038）
网　　址：www.E-mp.com.cn
电　　话：(010) 51915602
印　　刷：唐山昊达印刷有限公司
经　　销：新华书店
开　　本：720mm×1000mm/16
印　　张：12.25
字　　数：201 千字
版　　次：2024 年 5 月第 1 版　　2024 年 5 月第 1 次印刷
书　　号：ISBN 978-7-5096-9623-1
定　　价：78.00 元

前　言

　　党的十八大以来，党中央、国务院高度重视安全生产工作，2016 年首次高规格印发的安全生产领域文件《关于推进安全生产领域改革发展的意见》中明确指出，应坚守"发展决不能以牺牲安全为代价"，将安全生产作为发展的一条不可逾越的红线。2020 年 10 月，习近平总书记在党的十九届五中全会再次提出"安全是发展的前提，发展是安全的保障"。2022 年 10 月，在中国共产党第二十次全国代表大会上，习近平总书记指出"加强重点行业、重点领域安全监管"。2023 年 1 月，春节前夕视频连线看望慰问基层干部群众时，习近平总书记再次强调"要坚持底线思维"。这些都彰显了安全生产水平对经济社会高质量发展的重要意义。建筑业作为国民经济的支柱产业，其安全生产水平对经济社会发展影响深远。然而，建筑业是具有高风险性、高变化性、高流动性和高度不确定性的固有风险行业，被认为是全球最危险的职业之一。大量研究表明，工人的不安全行为是事故发生的最重要原因之一，因此，对工人不安全行为的"被动式纠偏"安全管理方法被认为是预防事故、提升安全绩效的重要方法。但是，建筑安全水平改善进入了平台期，显然，这种依靠外部监管措施和手段所取得的成效已然非常有限。人的行为是由其心理所支配和决定的，因此，探寻建筑工人安全行为发生的积极内因，提高其安全行为的内驱动力，发挥主观能动性进行安全行为的自我调节、管理和控制，进而促使和激发其做出更多的安全行为，或许是对传统安全行为管理方式的有益补充。

　　安全心理资本正是一种特定于安全的积极心理素质和能力的组合，对工人在工作中保持积极、稳定的心态，发挥主观能动性，提高安全表现具有重要意义。然而，目前国内外关于安全心理资本的研究相对较少，仍然

1

处于起步阶段。关于心理资本在安全生产领域的研究仍然基于一般工作领域心理资本的研究成果，如直接使用一般工作领域心理资本量表对安全相关的心理资本要素进行定义和测量。但心理资本具有一定的文化差异性，其内涵、结构等在不同的行业、领域背景下应有所不同。因此，本书着力于从建筑行业风险性高、安全管理严、工作压力大的特征出发，构建建筑工人安全心理资本结构，探索其对安全行为的影响机理，明确基于安全心理资本的建筑工人安全行为提升和优化机制，尝试为建筑工人安全行为管理提供新的理论框架和实践指导。本书主要展开了四部分研究：第一，建筑工人安全心理资本的结构及测量研究。从建筑工人实际工作特点出发，收集和归纳保证其安全所需的心理素质和能力，采用内容分析法和因子分析法等定性和定量相结合的方法，探索与构建建筑工人安全心理资本构念的内涵、结构，开发其测量量表。第二，基于安全心理资本的建筑工人安全行为影响机理理论分析。在工作要求—资源理论的基础上，结合资源保存理论、自我损耗理论、保护动机理论、计划行为理论和三元交互决定论，厘清建筑工人安全心理资本与风险环境因素、安全管理环境因素和工作压力环境因素与安全行为之间的作用关系，构建安全心理资本对安全行为影响机理模型。第三，基于安全心理资本的建筑工人安全行为影响机理实证研究。基于本书提出的理论模型，对涉及的相关变量的测量进行研究以形成正式问卷，运用规范的实证研究方法，对问卷结果进行分析，检验了所提出的理论模型的合理性，明确了建筑工人安全心理资本对其安全行为的作用机理。第四，基于安全心理资本的建筑工人安全行为优化策略研究。基于理论分析和实证检验结果，采用系统动力学方法，构建建筑工人安全心理资本影响其安全行为的系统动力学模型，通过分析建筑工人安全行为在安全心理资本的作用下的动态变化规律，形成基于安全心理资本的建筑工人安全行为优化策略。

本书选取 40 个不同规模的遍布于 10 个省（直辖市）的工程项目，共 648 名建筑工人进行实证检验，结果表明：第一，建筑工人安全心理资本确实具有自身独有的构成，包含 32 个指标，对应 6 个维度，分别为警惕性、韧性、安全自我效能感、开放性、宜人性和安全信念。第二，建筑工人安全心理资本对安全行为起到正向影响作用，该影响作用是通过安全动机这一安全行为的内生驱力来实现的。另外，风险感知和安全管理氛围正向调节安全心理资本与安全动机之间的关系，并且还能正向调节安全动机的中介作用；而工作压力源则负向调节了安全动机与安全行为之间的关系，并显著负向调节安全动机的中介作用。第三，基于安全心理资本的建筑工人安全行为优化应遵循"全面关注、循序改进"原则，并通过将安全心理资本开发融入现有的安全管理体系，促使安全氛围的功能从规范性、技术性向引导性、主动性转变。本书为安全生产领域的心理资本研究提供了参考和借鉴，在建筑项目安全管理背景下，明确了安全心理资本的内涵和结构，丰富了关于其测度的相关研究，以定性和定量、静态与动态相结合的研究方法，深化了工作要求—资源理论的动机过程，增强了其在行为安全研究领域的理论解释力，拓展了现有的心理资本、安全动机、安全行为、风险感知、安全管理氛围及工作要求研究。研究结论为建筑工人安全心理资本的培养明确了重点，为建筑工人基于安全心理资本的安全培训方案、安全管理制度等的制定和改善提供了科学参考和依据。

在本书的编写过程中，笔者参阅了国内外同行专家的相关研究成果和文献。在此，谨向建筑安全领域、行为安全管理领域的师友、专家及学者表示感谢！

由于笔者水平有限，书中不足和疏漏之处在所难免，恳请各位读者批评指正。

目　录

第一章
绪　论

第一节　研究背景与目的

一、研究背景及问题的提出

党的十八大以来，党中央、国务院高度重视安全生产工作，首次高规格印发的安全生产领域文件《关于推进安全生产领域改革发展的意见》中明确指出，应坚守"发展决不能以牺牲安全为代价"，将安全生产作为发展的一条不可逾越的红线。2020年10月，习近平总书记在党的十九届五中全会再次提出"安全是发展的前提，发展是安全的保障"。2022年10月，在中国共产党第二十次全国代表大会上，习近平总书记指出"加强重点行业、重点领域安全监管"。2023年1月，春节前夕视频连线看望慰问基层干部群众时，习近平总书记再次强调"要坚持底线思维"。这些都彰显了国家坚持人民至上、生命至上，坚持在发展中"牢牢守住安全生产底线"的决心。建筑业从业人员数量庞大，一直以来对经济社会发展起着重要作用，是国民经济的支柱产业，其安全事故的发生将带来经济、物质、精神上的巨大的损失，因此其安全水平的提高对经济社会高质量发展具有重要意义。

然而，建筑业是具有高风险性、高变化性、高流动性和高度不确定性的固有风险行业（Wehbe et al.，2016）。据国际劳工组织披露，在建筑行业，每年至少有 6 万人在建筑工地受伤致死，还有成千上万的工人遭受重伤和职业病危害。并且该数值只是保守估计，因为许多国家所披露的建筑事故不到实际数据的 20%。由于该行业与其他行业相比，有较高的事故率和受伤率，被认为是全球最危险的职业之一（Fang and Wu，2013）。海因里希多米诺事故致因理论及损失修订模型等事故致因理论都认为，事故和事故发生的原因是一个存在着串联关系的致因链条，而人因失误则是该链条上导致事故发生的最直接的环节之一。一直以来，人因失误被证明是造成建筑业伤亡事故最重要的因素之一，特别是工人的不安全行为大约占事故原因的 88%（Haslam et al.，2005）。由此可见，减少安全事故的发生，就要重点对工人的行为进行管理和约束，以使工人尽可能少地做出不安全行为，而尽可能多地实施安全行为。因此，在建筑行业中，对工人的行为进行安全管理一直是安全管理中的重点内容和方式。

传统上，针对工人行为的安全管理一般是根据事前详尽的安全计划、规则、程序，通过外部手段对工人进行监管，促使工人严格执行这些计划和程序，对违反规则的行为进行纠正和惩罚，以期达到对事故进行预防和控制的目的，形成了一套对工人不安全行为的"被动式纠偏"管理方法。虽然，这些安全管理策略在过去很长一段时间里，使建筑业的安全水平得到了长足的进步，但其局限性也日益凸显，因为这种安全管理方法要求：一是安全系统设计合理且维护良好；二是安全规则的设计人员可以预见并预期每种意外情况；三是程序是完整且正确的；四是工人的实际行为必将与所预期的一致（Hollnagel，2018）。这使这种传统安全管理方法对安全绩效的改善效果不再显著。并且，这种局限性可能会随着安全管理力度的加强而更加突出，为工人带来安全管理压力而不是激励，工人的不安全行为可能反而增加，诸如对"零事故"目标的要求会导致工人隐瞒事件的行为等（Sherratt and Dainty，2017），造成更多的安全问题，为安全绩效带来负面影响。

据住房和城乡建设部资料获悉，随着我国建筑行业安全规章制度日益完善，安全监管技术迅速发展，安全管理的力度逐年加大，全国发生的房屋市政工程生产安全较大及以上事故起数和死亡人数稳中有降，但整体情况与 2011 年相比，并没得到明显改善，甚至有回升的趋势（见图 1-1），建筑行业安全形势依然严峻（尹朝阳等，2023），安全生产水平改善进入了平台期。

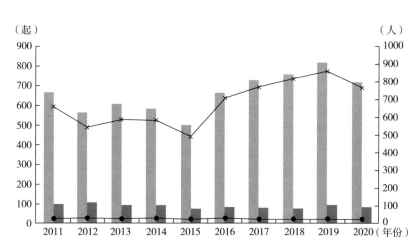

图 1-1　2011~2020 年全国发生的房屋市政工程生产安全事故起数和死亡人数趋势

资料来源：住房和城乡建设部官网。

由此可见，在外部监管措施和手段得到长足发展的今天，探寻建筑工人安全行为发生的内因，提高其安全行为的内驱动力，发挥主观能动性进行安全的自我调节、管理和控制，进而促使和激发其做出更多的安全行为，或许是对传统安全行为管理方式的有益补充。原因有三：

首先，事前制定的安全计划、程序、角色和需求不可能完全满足施工过程中出现的变化和未知安全风险，需要工人具有稳定、积极的心态，发挥主观能动性进行安全生产自我管理和约束。施工环境本就被认为是危险的，因为施工过程可能涉及很多安全风险因素，如火灾、爆炸、结构倒塌，以及与滑倒、绊倒和坠落有关的事故。特别是近年来，随着大型项目越来越普遍，建筑项目在工作任务、技术和组织结构方面的复杂性和动态性不断提高，社会技术系统的日趋复杂，耦合愈加紧密，施工过程不确定性更加显著，安全风险的不可预测性大大增强。一方面，虽然安全风险和事故可能只是不定期和不频繁地发生，然而其会为工人造成严重的心理压力，需要工人以积极的心态来面对，保证在高风险的环境中也能维持稳定的作业水平，减少安全事故的发生。另一方面，事前制定的安全计划、程序等，具有固有缺陷，不可能完全满足实际工作的复杂性和预想到所有情况；并且还会随着时间的推移而变得落后，即使可以识别和管理多数安全风险，但仍会使组织和工人遭受不可预见的安全风险。在施工过程中，面对突发情况或安全规则没有覆盖的空白地带，工人大多数时候需要发挥主观能动性排查和处理安全风险，及时作出安全决策。若每个变化都需要在他人的监督、指导下处理，甚至需要通过繁杂的程序，有时会贻误解决问题的最佳时机，造成严重后果，导致安全事故发生。

其次，工人天然具有灵活性，外部监督效力有限，更需要工人在安全上进行自我管理和约束。工人作为人类，天生就具有灵活性，其思想和行为总是在变化，会根据自身所认识到的实际情况调整行为策略。然而，建筑项目时间和资金压力大，使建筑工人工作任务重、时间紧。而其高度临时性、流动性的特点又导致工人无法与建筑项目组织建立长期稳定的联系，工人缺乏归属感，很难将组织的安全目标及组织由于安全受到的财产和形象等损失与自身利益相联系，大多数工人都认为与完成生产任务获取劳动报酬相比，为安全所付出努力的回报不具可见性。由此形成了"安全说起来重要，忙起来不要"的普遍现象，进而导致为了完成生产任务、压缩工期，而忽略了对安全问题的关注，以期用更省力、省时、方便的方式工作，减少工作压力和负担，从而导致班组长违章指挥、工人违章作业等成为常规操作。此外，建筑工人不同于车间工人或矿工等集中在一起作业，由于建筑工地面积通常较大，他们在作业过程中一般比较分散，项目人员组成复杂，再加上各种掩体、基坑、平台、洞口等，工人的行为本就不利于随时观察和监督，降低了"纠偏式"安全管理的可行性和有效性。由此可见，工人更需要对安全具有积极态度，认可安全的重要性，与自身追求相统一，自发地在保证安全的前提下完成生产任务，约束自身灵活性带来的负面影响，发挥灵活性所产生的优势，进而实践更多的和更正确的安全行为。

最后，心理决定行为。心理资本作为积极组织行为学的核心概念，正是对工人行为有积极促进和激励作用的一种重要的积极心理状态、素质和能力，其关注的是在工作场所中以提升人的心理能力为手段来促进人的积极态度和行为。而安全行为作为一种工人积极的工作行为，也受到工人心理状态和因素的支配和决定（叶龙和李森，2005）。因此，培养和开发建筑工人面对安全问题稳定、积极的心理素质和状态，以使工人能更加重视自身和作业场所安全，发挥主观能动性，平衡安全和生产目标，自发地排查和应对安全风险、隐患，主动应对作业过程中出现的安全问题和压力，能够帮助工人保持稳定和较高的安全行为表现。

近年来，心理资本逐渐受到了安全管理领域的重视，初步证明了心理资本对工人安全行为的影响，但对工人心理资本的关注度仍然不够。笔者以主题词"心理资本+安全行为"为检索词，在中国知网学术期刊库中进行检索，仅有65个检索结果，排除其中的综述类论文、书评，以及未涉及"心理资本"的论文，最终有48篇相关的期刊论文。这些论文最早出现于2014年，集中出现在2019年之后，共34篇。在48篇论文中，针对煤矿行业展开的研究占绝大多数，有21篇。然而，心理资本具有一定的文化差异性（Luthans et al.，2007b）。在心理资本的本土化过程中也证实专注于人际关系的人际型心理资本与专注于事业成功的事务型心理资本所涉及的内涵、要素均不相同（柯江林等，2009）。这就使专门针对建筑工人和其安全的建筑工人安全心理资本与煤矿行业及一般工作领域的心理资本内涵、结构都可能有所不同。此外，心理资本对安全行为的作用机制研究还不够深入、系统、全面。当前，心理资本被认为是个人所拥有的积极心理资本，学者们仍主要将其作为自变量或中介变量探索其对安全行为、违章行为和不安全行为等的直接关系（王霞，2017），对其中介机制探索较少，主要集中在其对风险偏好、工作倦怠、犬儒主义等消极状态的缓冲和抑制过程上（Stratman and Youssef-Morgan，2019；连民杰等，2020），而通过积极状态因素的安全行为激发过程机制研究较少，对于该过程可能涉及的调节机制的研究更是非常缺乏。

由此，本书提出如下研究问题：Ⅰ建筑工人安全心理资本具有何种独特的内涵和结构？Ⅱ建筑工人安全心理资本对其安全行为的影响机制是什么？Ⅲ如何基于安全心理资本对建筑工人安全行为进行系统仿真，并提出优化策略？这些问题都是需要深入研究和探索的。因此，本书着力于从建筑工人的安全心理资本出发，构建建筑工人安全心理资本结构，探索其对安全行为的影响机理，明确基于心理资本的建筑工人安全行为提升和优化机制，尝试为建筑工人安全行为管理提供新的理论框架和实践指导。

二、研究目的

本书旨在从激发工人安全行为的积极心理因素的角度出发，深入探索建筑工人安全心理资本对安全行为的影响机理，提出优化方案和策略，以突破建筑安全管理瓶颈，补充传统以"堵"为主的"纠偏式"安全管理方式，进一步改善建筑业的安全现状。具体而言，首先，从建筑工人实际工作特点出发，收集和归纳保证其安全所需心理素质和能力，探索与构建建筑工人安全心理资本构念的内涵、结构与测量，回答研究问题Ⅰ。为培养建筑工人安全心理资本提供科学工具。其次，厘清建筑工人安全心理资本与风险环境因素、安全管理环境因素和工作压力环境因素与安全行为之间的作用关系，构建安全心理资本对安全行为影响模型，运用规范的实证研究方法，厘清建筑工人安全心理资本对其安全行为的作用机理，回答研究问题Ⅱ。为从心理资本视角有效管理和促进建筑工人安全行为提供理论着力点。最后，形成基于安全心理资本的建筑工人安全行为优化策略。构建建筑工人安全心理资本影响其安全行为的系统动力学模型，通过分析建筑工人安全行为在安全心理资本的作用下的动态变化规律，回答研究问题Ⅲ。为建筑项目组织制定基于安全心理资本的安全行为优化和引导策略提供理论依据和有效参考。

第二节　研究内容、方法和技术路线

一、研究内容

本书在研究背景、文献综述的基础上，从研究目的出发，以建筑工人为研究对象，针对建筑工人安全心理资本构成进行研究，并探索和明确其对安全行为的影响机理，并在此基础上，通过系统动态分析提出优化策略，丰富和完善心理资本与建筑工人行为安全管理研究，为当前建筑项目安全管理研究提供理论支持。因此，本着研究由浅入深的原则，首先，需要明确建筑工人安全心理资本的构成；其次，明确中介、调节机制，理论构建并实证验证建筑工人安全心理资本对其安全行为的作用机理模型；最后，应用系统动力学，模拟基于安全心理资本的安全行为影响机理系统模型，分析安全行为在系统中的动态演化规律，提出安全行为优化原则和策略。根据以上思路，本书有四个主要研究内容：

第一，建筑工人安全心理资本的结构及测量研究。通过对建筑安全管理相关人员及建筑工人进行半结构化深度访谈，基于扎根理论的思想，对访谈内容进行编码、解释，提取出建筑工人关键的安全心理资本反应主体及其反应类目，确定建筑工人安全心理资本的经验结构。然后，根据建筑工人安全心理资本经验结构制定测量量表的初始维度，以累计频次较高的反应类目作为测量指标编制初始量表，采用调查问卷法收集数据，通过项目分析、因子分析等定量方法，对建筑工人安全心理资本结构进行验证分析。

第二，建筑工人安全心理资本对其安全行为的影响机理概念模型研究。基于前人的研究，在工作要求—资源理论的基础上，结合资源保存理论、自我损耗理论、保护动机理论、计划行为理论和三元交互决定论，提出安全心理资本对安全行为的动机激发路径，明确安全动机的中介机制，以及风险感知、安全管理氛围和工作压力源的调节机制，构建建筑工人安全心理资本对其安全行为的影响机理概念模型研究，并提出研究假设，为后续实证研究奠定基础。

第三，建筑工人安全心理资本对其安全行为的影响机理的实证研究。对第二项主要研究内容中所提出的概念模型及研究假设进行检验。首先，对研究中涉及的相关变量的测量进行研究。第二项主要研究内容涉及的变量主要有安全心理资本量表、安全动机量表、安全行为量表、风险感知量表、安全管理氛围量表和工作压力源量表，安全心理资本量表在第一个主要研究内容中得以开发，因此主要对其余变量量表进行设计和修订。运用初始问卷展开预调查，采用临界比值法和条目与总分相关法净化问卷题项，运用探索性因子分析检验初始问卷的信度和效度，得到修订之后的量表，然后将安全心理资本量表加入，形成正式问卷。其次，运用正式问卷进行大样本调查，并采用验证性因子分析检验了问卷的信度和效度。最后，以正式调查获取的 648 份有效样本数据为基础，应用层次回归分析检验了安全心理资本对安全行为的主效应，应用层次回归分析和 Bootstrap 法相结合，对安全动机的中介效应进行了检验，应用层次多元回归分析验证了风险感知、安全管理氛围在安全心理资本和安全动机关系中的调节作用，以及工作压力源在安全动机和安全行为关系中的调节作用，应用 Bootstrap 条件间接过程分析检验了风险感知和安全管理氛围的第一阶段调节中介效应，以及工作压力源的第二阶段调节中介效应。

第四，建筑工人安全心理资本对其安全行为的影响机理系统仿真和优化策略研究。基于第二项主要研究内容中的理论分析，结合第三项主要研究内容的实证检验结果，采用系统动力学方法，构建建筑工人安全心理资本对其安全行为的影响机理系统模型，并分析主要的因果反馈回路，通过参数调整分析建筑工人安全行为在系统中的变化规律，对安全心理资本的行为作用做出更深入和系统的分析，对比安全心理资本与安全管理对安全行为不同的影响作用，进一步证实安全心理资本对建筑工人安全行为的重要影响。此外，通过分析不同安全心理资本要素投入对安全行为所产生的不同激励效果，提出通过改善建筑工人安全心理资本，以提高工人安全行为的优化原则和方案。

二、研究方法

第一，采用半结构化访谈法、开放式问卷调查法、内容分析法等质性研究方法对建筑工人安全心理资本的经验结构进行探索和构建；并采用项目分析、探索性因子分析和验证性因子分析等定量研究方法构建其安全心理资本的因子结构，形成正式测量量表。

第二，采用实地调研、文献分析和规范分析方法，基于工作要求—资源理论、资源保存理论、自我损耗理论，以及保护动机理论、计划行为理论和三元交互决定论进行理论推演，构建基于安全心理资本的建筑工人安全行为影响机理理论模型。

第三，采用项目分析、探索性因子分析等方法检验初始问卷的信度和效度，采用验证性因子分析、相关分析等方法检验正式问卷的信度、聚合效度和区别效度，运用相关分析、层次回归分析、不对称置信区间 Boostrap 法检验建筑工人安全心理资本影响其安全行为的主效应、安全动机的中介效应，以及风险感知、安全管理氛围和工作压力源的调节效应以及调节中介效应。

第四，利用问卷调查法、专家打分法、系统动力学、归纳分析法等方法对基于安全心理资本的建筑工人安全行为优化策略进行分析。构建建筑工人安全心理资本对其安全行为的影响机理系统模型，应用调查问卷方法、专家打分法确定初始参数，并通过参数调整进行系统仿真，观察建筑工人安全行为的动态演化规律，进而采用归纳分析法提出相应的优化策略。

三、技术路线

本书技术路线如图 1-2 所示。

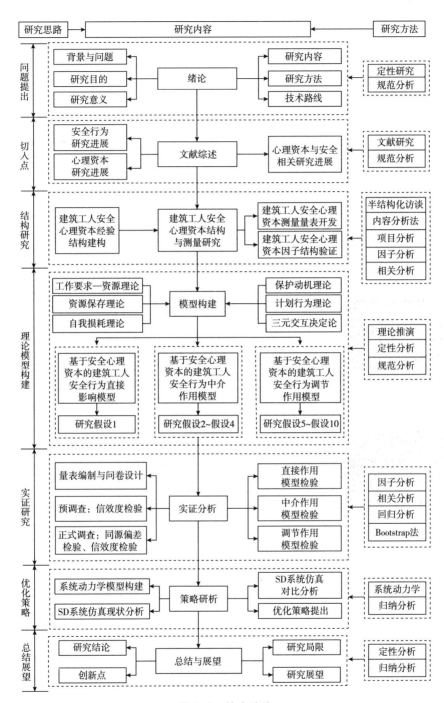

图 1-2 技术路线

第三节　研究意义与创新点

一、研究意义

1. 理论意义

本书将心理资本概念引入建筑安全管理领域进行深入挖掘，建构了建筑工人安全心理资本内涵、结构，并开发了其测量量表，拓展了现有心理资本概念的外延，为今后国内建筑工人安全心理资本方面的研究提供可用、可靠的研究工具，为安全心理资本的深入研究奠定基础。更重要的是，当今环境下针对安全行为作用的调查分析均是以心理资本的负面作用，尤其是消极状态，甚至是以压抑状态作为切入点着手的，在积极状态促进作用方面略显不足。同时，针对心理资本影响行为的长期性、内隐性，以及多因素互动、反馈的特点，从动态和系统的视角分析了建筑工人安全行为在安全心理资本的作用下的动态变化规律，弥补了以往静态研究的不足，推进了心理资本理论在安全管理领域的研究。此外，本书以工作要求—资源理论为基础理论框架，结合相关理论构建了建筑工人安全心理资本对其安全行为的影响机理模型，在验证相关理论的基础上，也扩展了相关理论研究的分析视角，在一定程度上完善了工作要求—资源理论框架中，工作要求对动机过程的作用机制，增强了工作要求—资源理论、资源保存理论、自我损耗理论及其他相关理论在安全管理领域的理论解释力，丰富了安全行为管理的理论和方法。

2. 现实意义

本书通过建筑工人安全心理资本及安全心理资本对安全行为的作用机制来研究建筑项目的安全管理问题，为建筑项目实施积极管理提供了一条合理、有效、可行的路径，对改变和突破我国建筑项目现有安全管理模式具有重要实践意义。首先，本书旨在为建筑施工企业、项目管理人员提供更科学先进的解决思路，区别于传统的以针对生产作业中违章指挥、违章作业、违反劳动纪律的"抓三违"为重点的纠偏式思维观念和管理方式，将管理重点放在提倡安全行为上，从批评式管理转为鼓励式管理，尤其重视工人的安全心理资本，并以此对整体的安全行为管理做出优化。其次，通过对建筑工人安全心理资本内涵、结构及安全心理资本对安全行为作用效果及作用机制静态和动态相结合进行深入挖掘，为建筑工人安全心理资本的培养明确了方向，为建筑项目工人基于安全心理资本的安全培训方案、安全管理制度等的制定和改善提供了科学参考和依据。

二、创新点

第一，本书将心理资本的概念引入建筑安全管理领域，阐释其内涵和结构，开发了包含警惕性、韧性、安全自我效能感、开放性、宜人性和安全信念的六维度安全心理资本量表，填补了建筑工人安全心理资本测度的空白，拓展了心理资本构念的外延，并为后续实证研究提供了借鉴和参考。

第二，本书与以往研究只关注安全动机在心理资本和安全行为关系中的中介作用不同，将风险感知、安全管理氛围及工作压力源三种工作要求作为调节变量纳入研究框架，建立了基于安全心理资本的建筑工人安全行为影响机理的整合模型，并通过实证研究发现了三种工作要求，在建筑工人安全心理资本通过安全动机对其安全行为产生影响的过程中起着不同的调节中介作用。具体地，风险感知、安全管理氛围都增强了安全动机在此过程中的中介作用，而工作压力源却限制了安全动机在此过程中的中介作用，丰富了安全行为管理的理论和方法。

第三，本书与以往研究只关注心理资本对安全行为影响过程中变量间的两两关系和静态机理不同，采用系统动力学的方法，构建了建筑工人安全心理资本对其安全行为影响机理的系统模型，探索建筑工人安全行为在安全心理资本影响下的动态变化规律，丰富了心理资本相关研究的研究方法，弥补了以往心理资本研究中静态、无系统性的不足。

第二章
国内外研究进展

第一节　安全行为研究进展

一、行为安全管理研究的演进

行为安全管理是指在社会学和心理学等相关学科的基础上，运用科学的方法研究人和安全生产之间的关系的科学，是行为科学的分支之一。其主要研究目的是通过研究如何规避安全事故的发生，从内外因同时作用，包括倡导安全行为和抑制不安全行为，从而减少不安全行为发生的概率。由此可见，行为安全管理主要包括两方面，一方面是倡导安全行为，另一方面是抑制不安全行为。

虽然安全行为和不安全行为是行为安全管理同样重要的两个方面，但海因里希多米诺事故致因理论、Reason 的瑞士奶酪模型等事故致因理论，都聚焦于不安全行为对事故的直接影响（Mohajeri et al.，2020），从而使长期以来不安全行为的预防、纠正，比安全行为的促进更受关注。预防、纠正不安全行为成为国内外学术界的热议话题，出炉了大量行之有效的科学研究。研究人员和从业者都希望控制消极事件、压力等消极因素，通过设计各种惩罚制度、激励制度等方式，来干预和减少不安全行为（杨雪等，

2018b；杨雪等，2020）。值得一提的是，企业执行了不安全行为管理方法后，的确能够在一定程度上显著减免甚至规避掉由不安全行为引起的安全事故。然而，这种消极处理方式带来的负面影响也已经日渐突出。很多企业和地区报道出辱虐式管理、不良工作纷争、员工矛盾、行为不受控和功能失调，甚至出现工作场所侵犯行为等恶劣事件，经分析统计，这些情况大多以不科学的不安全行为管理为导火索（邓宏斌和李乃文，2013）。因此，企业在严格管理安全的同时，务必考虑员工的身体和心理耐受力，正视严惩不安全行为对企业和员工的危害，预估危害，减小矛盾，求得正向发展。

因此，随着积极组织行为学研究的日益盛行，行为安全管理研究也有了方向性的转变，学者们开始关注行为安全管理中的积极方面，不再局限于对引起不安全行为的消极因素进行控制，开始通过发展积极的安全氛围、构建正念组织、改善领导方式等积极手段，来减少员工的不安全行为，鼓励员工做出更多的安全行为（Lyu et al.，2018；Gracia et al.，2020）。由此，从积极的角度促进员工安全行为水平的行为安全管理逐渐受到了重视，本书也选择从安全行为的角度切入建筑工人行为安全管理的研究。

二、安全行为的定义及分类

关于安全行为的定义，可以参考 Griffin 和 Neal（2000）的论述，他们认为安全行为是与组织安全相关的个人工作行为。按照 Burke 等（2002）的理解，安全行为就是与安全相关的工作表现。叶龙和李森（2005）则认为，安全行为是在施工过程中为了避免安全事故和风险漏洞而基于工程规程形成的一系列活动步骤和执行的针对性举措。也有学者从安全行为的对立面对其进行定义，认为与不安全行为相对的就是安全行为，前者是会引发事故的人为错误，是事故倾向行为，后者则是非事故倾向行为（张跃兵等，2013）。由此可见，尽管当前学术界对安全行为仍无统一定义，但从其内涵上来说，安全行为就是保证生产活动安全进行的一系列举措和行为。

对安全行为分类的探讨与安全绩效和工作绩效的相关研究十分相关。Griffin 和 Neal（2000）专注于行为层面的安全绩效，将工作绩效的任务绩效和关系绩效引入安全领域，首创性地将安全行为划分为安全遵守行为和安全参与行为，前者是指员工严格遵守安全规定要求进行生产活动或业务开展的行为，后者则指员工自觉自发参与安全相关的事务、活动以形成支持性的安全环境的行为，如提出安全建议、参加非强制性安全培训或活动、对同事进行安全帮助等。

Griffin 和 Neal 的分类标准开创了安全行为划分的先河，成为最受认可的划分标准，之后诸多研究基于该分类标准提出了相近或升级的观点。De Armond 等（2011）对安全遵守行为和安全参与行为进行了细化，认为安全遵守行为还应细分为四个子维度，囊括安全风险降低、安全防护用具使用、安全权利赋予和安全行为沟通，而安全参与行为则分为六个子维度，囊括协助他人、抵制不安全行为、积极改变、提出建议、安全管理和安全道德。Tucker 和 Turner（2011）提出的离职、安全建言、安全耐性、安全忽视和安全遵守五维度安全行为模型仍包含了安全遵守行为和安全参与行为的内容，只是另外增加了安全忽视等不安全行为的相关内容。此外，吴建金等（2013）、胡艳和许白龙（2014）得出安全行为的两大组成因素包括自我安全保护与遵守安全规程。曹庆仁（2014）则从下达指令的领导者和执行指令的员工两个角度划分，前者具体体现在安全规则设定、安全行为管理和安全问题交流，后者仍然体现在安全行为参与和安全行为遵守。Bronkhorst（2015）认为安全行为包括生理和心理两个方面，生理安全行为和心理安全行为共同构成完整的个体安全行为，其中心理安全行为主要指通过调节员工的心理状态，调整健康情绪来确保员工的心理健康和安全，营造良好的心理安全氛围的行为；而生理安全行为则是在实际生产工作中发生的直接导致险兆事件或事故的安全行为，包括安全遵守行为和安全参与行为。

综上所述，虽然安全行为分类因个人研究方向和方法存在差异，最终结论有所出入，类别名称有所区别，但基本都是以与安全相关的角色内外行为两方面入手进行划分的。由此可见，国内外大量学者也都认可安全行为的安全遵守和安全参与二维度结构，并以此二维结构为基础，对安全行为进行了大量卓有成效的研究。基于此，本书也采用同样的划分标准，对安全行为进行研究。

三、安全行为相关研究

1. 安全行为的结果变量

研究安全行为旨在通过提倡安全行为，预防和减少不安全行为，从而降低安全风险，达到预防甚至避免安全事故发生的目的，最终提升工作环境的整体安全水平，保障人力和物资的安全。从预防事故这个角度而言，不安全行为和安全行为虽然也是安全绩效的一种，但其作为行为层的安全绩效，是安全绩效的先验指标。基于此，无论是安全行为还是不安全行为都会对实际的安全事故率、安全经济损失等安全绩效的后验指标产生影响，所以安全行为的结果变量大多数基于这点展开。

学术界普遍认为工人等一线操作人员在生产作业过程中的不安全行为是造成当前事故多发的最主要和最直接的原因（Haslam et al.，2005），其对安全伤亡、经济损失等后验安全结果指标的直接影响也得到了验证（张江石等，2009）。曹庆仁和许正权（2010）也认为工人的不安全行为通过引起机和环的不安全因素直接造成安全事故的发生。Aryee 和 Hsiung（2016）在对消防队员及其主管人员的调查结果显示，预防型调节焦点对安全相关事件的影响是通过不安全行为实现的，说明不安全行为的确可以有效预测安全事故、伤亡等结果。Neal 与 Griffin（2006）则将侧重点放在了员工安全行为的积极作用上，证实了安全行为是良好的安全绩效表现的直接原因，证明了安全行为对工作场所安全结果的重要地位。主动性安全行为作为安全行为的一种，也可以有效地对企业的安全绩效做出优化，同时能够规避大多数情况的安全事故，整体降低企业在安全层面的损失（Curcuruto et al.，2015）。此外，除了工人的安全行为，项目各方的安全行为对安全绩效也同样重要（何清华等，2016）。龙彦江等（2020）证明，项目各方的安全管理行为对其安全管理绩效和水平有着直接的影响，说明行为和绩效结果之间的正向关系。He 等（2020）通过对中国 22 个建筑项目的 119 名监督人员和 536 名工人的调查得出，虽然监督人员安全行为与安全绩效之间的关系与工人存在显著差异，但是两者的安全行为都能显著影响安全结果和绩效，而组织和管理者所进行的安全管理行为对安全事故结果等除了有直接的影响之外，其主要还是通过影响员工的安全行为来发挥作用的（刘素霞等，2014）。左彩霞（2015）也持有类似的观点，认为员工安全行为的实现和提升是管理者通过安全管理提升安全绩效的关键路径。因此，通过不同的安全管理措施来提高员工安全行为是可行的安全管理策略（王琦玮等，2020）。

综上可以看出，安全行为与安全绩效两者之间存在明显的因果关系，前者对后者起着积极的能动作用，同理，不安全行为对安全绩效起着消极的反作用。基于此，在安全生产的活动中，倡导安全行为，杜绝、规避、减少不安全行为，能够直接提升安全绩效，降低安全事故和风险，因此工人安全行为和不安全行为一直被作为安全绩效最直接、最具体和最重要的先验指标。

2. 安全行为的前导因素及机制研究

鉴于不安全行为导致消极的安全结果，安全行为导致积极的安全结果，分别可以预测较高或较低的安全绩效，且不安全行为和安全行为的影响因素中也有较多重叠，因此在以下综述中，不专门区分不安全行为和安全行为，将两者的研究结果同时进行综述。综观当下学术界对于安全行为的研究，主要是在对其诱因的探讨上，整体而言，主要包括内在因素和外在因素两大类。

内在因素方面，前人在影响员工安全行为的个体特质类、状态类因素方面进行了丰富的研究。提出大五人格理论的 Geller（2004）对人格对应的行为关系做出了调研分析，得出人格与安全行为之间较为相关。Christian 等（2009）验证得出的结论与人格维度相互呼应，尤其是肯定了人格与安全事故之间的作用力重点在于安全行为。个人的心理素质、记忆、技能等特质也被认为与员工安全行为息息相关（王永刚和车卓君，2023；吴金南等，2023）。陈芳和韩适朔（2018）则认为心理韧性作为一种重要的心理特质因素，是矿工是否执行安全行为的重要因素，具有较高心理韧性的煤矿工人更能采取正确的安全行为。负面情绪作为一种状态变量，被认为会诱发不安全行为（覃文波，2019），降低安全合规行为（Yang et al.，2023）。而积极情绪对不安全行为的影响则存在先降低后升高的"U"形关系（冯涛，2017）。因此，对情绪进行监管和干预能有效减少不安全行为的产生（杨雪等，2018a）。除此以外，疲劳、工作倦怠、工作压力等消极状态因素均被认为是降低安全行为的重要因素（田水承等，2018；续婷妮和栗继祖，2018）。

从认知心理学的角度出发得出的一系列个体认知和动机因素对安全行为的影响得到了最为广泛的探索（刘林等，2021）。认知水平被认为是不安全行为的重要抑制因素（杨雪等，2020）。安全态度是对安全行为进行认知后对安全行为所产生看法的结果，被证明与员工的安全行为呈显著正相关的关系（Li et al.，2020）。姬鸣等（2011）证明了危险态度这种认知因素在飞行员风险容忍这种个体特质因素对其安全行为的负向影响中起完全中介作用，同时证明了另一认知因素——风险感知对该中介过程的调节作用。Cecchini 等（2018）对意大利中部 119 名农场工人的调查中发现，没有参加过风险认知培训课程的工人，会反对采取安全措施。安全动机作为认知过程的重要一环，对安全行为起着直接的预测作用（Panuwatwanich et al.，2017）。Christian 等（2009）则证明了除安全动机之外，安全知识这一与安全相关的认知因素也能显著正向影响员工的安全行为。Vinodkumar 和 Bhasi（2010）指出工人是否具有安全意识，对安全知识的了解有多少，直接决定了矿工的安全动机，进而对安全行为产生直接影响。Kao 等（2019）采用多层次、多源和纵向的研究设计，发现安全知识还能通过影响员工自身安全态度进而对其安全行为产生促进作用。此外，安全注意力也是一种重要的认知因素，其对安全行为的重要影响得到了证实（李乃文等，2017）。

个体都是在特定环境中工作、生活的，因此，前人对影响员工安全行为的外部环境因素方面也展开了大量研究。这些因素不仅能直接影响安全行为，还能通过影响个体因素进而对个人行为产生影响，因此在大多数对情境因素的研究中，有个体因素的参与。在众多外部因素中，领导、安全氛围、规范等被认为是更为重要的外部因素，并对其进行了大量的研究，以下重点对这些因素进行梳理。

领导者的行为、风格等对安全行为的影响是外部环境因素中的重点，其通常可能会直接或者间接地影响工人的安全行为，且不同的领导风格对员工安全行为具有不同的影响（吴敬新和郭彬，2022）。变革型领导被认为是员工安全行为产生的因素之一，当领导具有这种行为风格时，下属会感受到更高水平的组织公平（王亦虹等，2017），更加积极地参与到与安全相关的任务和活动中，产生更高的安全动机水平（蒋丽和李永娟，2012），进而使安全行为水平得到提升。授权型领导能有效地预测员工与安全相关的态度和行为，其不仅能直接促进团队成员的安全合规行为和安全参与行为，降低风险行为（Martínez-Córcoles et al.，2013），还能通过团队协作学习介导，显著影响安全参与（Martínez-Córcoles et al.，2012）。Gracia 等（2020）则在其建立的跨层次模型中，证明了组织层面的授权型领导通过正念组织对员工安全合规和安全参与的促进作用。家长式领导是基于传统文化价值观与意识提出并在中国企业普遍存在的一类领导风格，其也被证明与员工的安全行为相关，其所包含的德行领导、仁慈领导被认为与安全行为正相关，而威权领导与安全行为负相关（王丹和秦云云，2020）。另外，特定于安全的安全领导被证明对工人的安全行为有着积极影响（Wu et al.，2016）。此外，领导者除领导风格之外，其管理行为也对员工的安全行为产生重要影响（曹庆仁，2014）。管理安全干预作为领导者行为表现结果的一个方面，不仅能显著提升建筑工人的安全能力，还能提升其安全动机、安全态度，进而减少其不安全行为（姚明亮等，2020）。同时，不同的领导风格都能通过营造安全氛围、文化等，塑造员工的安全行为（Lee et al.，2019；Smith et al.，2016）。

安全氛围除了能在领导行为与员工行为之间充当介导，其自身对于安全行为的影响也在众多学者当中达成了共识，是安全行为重要的前导因素。Griffin 和 Neal（2000）率先验证了安全氛围对安全行为的积极影响。Liu 等（2015）以中国中山市 42 家企业的 3970 名制造业工人为样本进行的调查显示，安全氛围能通过直接预测安全行为进而降低非故意伤害。Lyu 等（2018）对在中国香港 15 个建筑工地工作的 223 名尼泊尔建筑工人和 56 名巴基斯坦建筑工人进行了调查，证明了外国工人的安全行为会受到安全氛围的正向影响。Neal 和 Griffin（2006）经过 5 年时间的纵向研究证明，安全氛围对个体安全动机有一个滞后的影响，能显著预测个体安全动机后续的变化，而安全动机的变化则与安全行为后续变化显著相关。Mirza 等（2019）则证实了营造较好的安全氛围，能够有效降低员工的心理压力，有助于其安全行为的产生。

此外，规范与安全氛围有一定的相似性，都会对个体的主观规范产生影响。Fugas 等（2011）通过对 132 名客运公司工人的纵向调查，提出主管和同事的描述性和指令型安全规范对工人主动性和遵守性安全行为的影响，发现主管的指令型规范可以调节工人描述性规范与安全行为之间的关系。Choi 等（2017）通过对来自美国、韩国和沙特阿拉伯 8 个建筑工地 284 名工人的实证调研发现，工人安全行为受感知管理规范、感知班组规范和个人态度的影响。结果显示，感知管理规范和感知班组规范都能对工人的安全行为产生影响，同时，社会认同可以强化前者与安全行为的关系，但却可以弱化后者与安全行为之间的关系。

综上所述，虽然前人已经在安全行为的前导因素研究上形成了丰富的研究成果，但目前对安全行为前导因素的研究仍旧是学界研究的重点，因此本书将继续对安全行为的前导因素进行探索。心理因素作为一种前导因素，其对建筑工人的行为具有支配作用（叶龙和李森，2005），而外在环境由于其客观存在，对安全行为的影响也不可忽视。由此可见，从工人心理因素出发，探索其在外在环境因素作用下，对安全行为的影响具有一定意义，将进一步推进安全行为的研究。

第二节　心理资本研究进展

一、心理资本概念的提出与演进

进入 21 世纪后，组织的竞争日趋激烈，个人所负责的工作和任务也日趋复杂和多变。心理资本这一理念正是在这样的环境中，由经济学家 Goldsmith 等（1997）进行人力资本研究时最早提到，而由积极组织行为学（Positive Organizational Behavior，POB）创立人 Luthans 等（2004）在积极心理学的影响下正式提出的。这一概念一经提出就迅速得到了国内外学者的广泛认可和共鸣。

众多学者对心理资本的内涵和定义进行了界定。Goldsmith 等（1997）认为心理资本是那些能够对个体效率产生影响的个性特征，其反映了个人的自我观念或自尊感，对个体的动机和一般工作态度起到支配作用。

Luthans 等（2004）则认为，心理资本是人所持有的自我效能感或自信、希望、乐观和韧性等积极心理状态的组合。其中，自我效能感，即面临挑战性工作时仍能取得成功的信心；乐观，即能够对现在及未来的成功做出积极的归因；希望，即具有实现目标的意志力和途径，以获得成功；韧性，即遭遇问题和困境之后，具有能够迅速恢复和超越，进而取得成功的能力。Luthans 等（2005）表明心理资本是个体所拥有的超越人力资本和社会资本的符合 POB 标准的积极核心心理要素和心理状态，心理资本的开发可以帮助个体获得竞争优势。Luthans 等（2007b）进一步指出了心理资本的两大特点：其一，心理资本是管理和调整其他心理资源的关键性基础资源，以此为个体带来满意的结果，符合关键资源理论；其二，心理资本各要素间协同发挥作用，即整体的作用比各个组成部分的作用的总和要大，符合多元资源理论。

由此可以看出，心理资本概念的认识和发展是一个渐进的过程。最初，经济学家们更倾向于将心理资本界定为自尊、控制点等在早年生活中发展而来的较为稳定的个体心理特征或倾向。之后，Luthans 等（2007a）通过将心理资本与快乐、积极情绪等瞬时性积极状态变量、人格因素等类特质变量，以及智力、天赋等积极特质变量进行比较研究，认为心理资本介于非常易变的状态变量和难以改变的特质变量之间，具有可经后天开发的类状态特征。至此，在心理资本概念的不断发展和演进中，心理资本的类状态特征得到了学者们的公认，对心理资本概念及内涵的认识基本达成了一致。

二、心理资本的维度和测量

目前，心理资本的研究尚处于起步阶段，虽然国内外学者对其内涵的理解基本达成一致，但构成心理资本的具体要素尚不统一。因此，对心理资本的维度和测量存在二维度、三维度、四维度及多维度等不同的观点。

Goldsmith 等（1997）应用于经济学领域的心理资本量表是最早的心理资本测量工具，仅包含两个维度，即控制点和自尊。随后，也有众多学者使用乐观、希望与韧性三个维度来测量心理资本（Jensen and Luthans，2006；侯二秀等，2013）。目前，使用最广、最成熟的量表是 Luthans 等

（2007a）开发的心理资本问卷（PCQ-24），由自信、希望、乐观和韧性四个维度构成，各维度分别由六个题项进行测量，共24个题项。该问卷在国内外的研究中均取得了良好的信效度。

虽然，目前心理资本研究中仍是以自信、希望、乐观和韧性四个维度为主的。然而，Luthans等（2007a）认为除了目前的自信、希望、乐观和韧性四个要素外，应探索心理资本所包含的更多心理要素，还可以考虑将创造力、智慧、幽默、真实性、感恩之心等纳入心理资本构念范畴。Letcher（2003）则以大五人格的构成维度对心理资本进行测量，包括开放性、责任心、外倾性、宜人性和神经质性，与主流心理资本的四个维度大不相同。Page和Donohue（2004）指出应该把信任也加入心理资本结构当中。Rego等（2010）的量表则指出包含信心、乐观、韧性、路径力和意志力的五因素模型，比自信、乐观、韧性和希望四因素模型具有更好的拟合指数。国内较有代表性的是柯江林等（2009）设计的中国本土心理资本量表，分别对应奋发进取、坚韧顽强、乐观希望、自信勇敢所对应的事务型心理资本与PCQ-24基本一致，而包容宽恕、谦虚沉稳、感恩奉献、尊敬礼貌对应的人际型心理资本则包含了PCQ-24没有囊括在内的心理要素。因此，虽然目前心理资本仍以自我效能感、乐观、希望与韧性四个维度为主要结构，但当前的心理资本模型只是一个初步模型，不应排除符合POB标准的其他类状态积极心理能力，以扩展心理资本概念的外延。

文献还表明，心理资本的内容结构会随着文化差异而变化。因为，心理资本作为组织行为学的构念，不像自然科学法则一样放之四海皆准，在一定程度上会受到文化、制度等差异的影响。Luthans等（2007a）也将心理资本的跨文化运用看作心理资本研究的未来方向，认为文化的区别性会对个人所获得的资源产生影响，而不同的文化对不同心理能力的鼓励程度也是不同的。因此，在跨文化的背景下对心理资本构成进行探索是有必要的。Antunes等（2017）的五维度心理资本量表是在对葡萄牙商业、服务业、大学等行业的员工的研究中产生的，路径力和意志力替代了希望这一心理能力。柯江林等（2009）的二阶八因素量表则是在中国文化背景下产生的，人际型心理资本包含了更加符合中国文化中"人情社会"等本土文化特点的要素。肖雯和李林英（2010）针对大学生群体所探索出的心理资本问卷则在主流四要素的基础上，增加了兴趣这一要素。葛操等（2012）针对医生开发的心理资本结构，在自信、乐观、希望和韧性的基础上，增加了共情能力。田喜洲和蒲勇健（2008）探索了具有服务性质的旅游业员工的心理资本结构，在经典结构的基础上增加了快乐、情绪智力。在针对各类工人的心理资本结构上，冷静或沉着这一心理能力常被囊括其中（程永舟等，2022；张青霞和何雪礼，2019）。

综上所述，一方面，心理资本概念由来尚短，学者们仍认为应该以开放的态度看待其结构，去开发与检验四个核心要素之外的更多维度以丰富该构念的外延；另一方面，国家文化、社会体制、行业和领域背景、文化都会对心理资本的内容构成产生影响。

三、心理资本相关研究

心理资本在职场内外都有着重要的作用，既能帮助企业获取竞争优势和员工工作绩效、工作满意度，又能促进个体成长和发展，是一个重要的心理因素。目前关于心理资本的研究有综述性研究和启发性研究（Burha-nuddin et al.，2019；张铭，2017），以及干预机制研究（Sumalrot et al.，2023；罗青青等，2023），主要还是集中在其内容结构的开发及前因后果探索的实证研究上。

当前，对心理资本前因变量的探索相对较少。郝明亮（2010）在研究中表明，企业员工的文化水平、性别及企业性质等自变量对员工的心理资本的影响意义不大，不存在显著性。但是，员工的年龄对员工心理资本的影响较大，特别是 50 岁以上的老员工，在心理资本水平方面，明显高于其他年轻员工。Avey（2007）认为领导的心理资本以及情景复杂性对员工的心理资本会有一定的影响效果。Wang 等（2018b）调查发现，组织氛围、组织公平感、领导—成员交换、真实领导均对心理资本有显著的正向影响，而职业压力源则显著负向影响心理资本，且其中真实型领导对心理资本的影响最强。Wu（2019）用元分析对心理资本的前因变量进行了研究，证明真实型领导、伦理型领导和辱虐型领导及组织支持都是心理资本重要的前因变量。柯江林和孙健敏（2018）认为内控型人格、领导魅力、支持性文化、创新性文化能够促进事务型心理资本的提高，而领导的个性关怀则会降低员工的事务型心理资本；此外，领导魅力、官僚性文化和创新性文化都能显著正向影响员工的人际型心理资本。

相对于心理资本的前因变量研究，其结果变量的探索非常广泛。早期，心理学家主要在非职场领域，以学生、大众等为样本，研究心理资本对个体健康状况、学习成绩、生活质量、孤独感等的影响（Amini et al.，2019；Santisi et al.，2020）。后来，心理资本的研究逐渐深入职场领域，其构念本身及其单独的构成要素都被证明不仅对组织绩效、组织韧性等组织结果具有重要的影响（Akbaba and Altındağ，2016；Norman et al.，2005），还能显著影响员工工作状态、行为、绩效等个人工作结果（Newman et al.，2014），且心理资本构念整体的作用比单个构成要素的作用更大（Ferradás et al.，2019）。本书主要关注的是心理资本对员工个人的影响，因此主要对个人层面的结果变量及其影响机制进行综述。

心理资本对个人工作态度、状态的影响受到了学者的广泛关注。Luthans 和 Jensen（2005）调查发现，心理资本与其留职意向及使命、价值观和目标承诺之间具有高度且显著的正相关关系。Avey 等（2010）和 Avey 等（2011）两项实证研究证明，心理资本对员工的组织承诺、满意度、幸福感等积极态度产生正向影响，同时，对其工作压力、离职意愿、工作倦怠等消极态度产生负向影响。Grover 等（2018）认为心理资本除了能直接促进幸福感与工作投入外，这种影响还能部分通过对工作要求和工作资源的感知来实现。Karakus 等（2019）则认为心理资本对组织承诺和动机产生的正向影响是通过工作满意度实现的，而其对离职意愿的控制完全是通过工作满意度和组织承诺实现的。通过心理资本对工作倦怠、工作—家庭冲突、家庭—工作冲突、犬儒主义及缺勤意愿等消极状态的缓解（Karatepe and Karadas，2014；Larson and Luthans，2006），还能进一步提高心理健康水平，保证工作质量（Estiri et al.，2016）。

大量研究表明，心理资本与员工的各类行为有显著的关系。Jensen 和 Luthans（2006）通过研究表明，一名领导的心理资本水平较高，那么在工作安排中员工就会回馈较好的执行结果，其自身所执行的领导行为就更加有效。而员工的创新行为不仅会受到自身心理资本直接或间接的影响（Sun and Huang，2019），还可以被领导心理资本水平直接预测（朱瑜等，

2015)。同时，心理资本水平高的员工对于角色外的行为更容易有积极的表现，其能有效缓冲辱虐性监管等消极因素对员工角色外行为的负向影响，在此关系中发挥中介作用（Ahmad et al.，2019）。Pradhan 等（2016）通过调查发现，心理资本能正向预测其组织公民行为，而这一关系受到情绪智力的调节。Sharma 和 Sharma（2015）认为心理资本除了对组织公民行为意向、组织公民行为均具有正向影响以外，还能有效控制反生产行为等消极行为。Wang 和 Lian（2015）也证实了心理资本与反生产行为的显著负相关关系，并且认为情绪劳动在两者之间起中介作用。缺勤行为作为员工的一种消极行为，也受到心理资本的影响，即心理资本水平较高的员工，其缺勤的频率相对较低（Avey et al.，2006）。Ozturk 和 Karatepe（2019）则证明，心理资本是通过提高组织信任水平，而间接改善员工的缺勤行为的。Avey 等（2009）在研究中证明，对心理资本水平较高的员工而言，心理资本水平较低的员工，对自己的工作缺乏自信，会经常考虑其他的谋业方向，对企业忠诚度较低，进而产生更多的工作搜寻行为。Georgiou 和 Nikolaou（2019）则认为心理资本能够帮助员工坚持求职行为，从而获得更多的就业和面试机会。其原因可能是具有较高心理资本水平的失业者有更高的求职意向，对求职的控制力更强，其所具备的心理资本是比感知就业能力更有益的资源（Fernández-Valera et al.，2020）。Hashemi 等（2018）还发现，心理资本可以缓冲员工由于工作压力而引起的不文明行为，即当员工心理资本水平越高时，工作压力越不容易引起其不文明行为的发生。

心理资本所依据的 POB 标准明确指出其与工作绩效之间的关系，这一关系也得到了大量证实。对于企业员工而言，改善其心理资本水平，其工作绩效（包括主管评价和绩效工资）就会得到明显提高（Luthans et al.，2005），心理资本对工作绩效的这种促进作用可以通过工作投入来实现（田秀玉等，2023），并且这种促进作用比大五人格和情绪的促进作用更加显著（Antunes et al.，2017）。而对于领导者来说，其心理资本水平不仅仅能够为自己在工作中的绩效表现带来正向影响，心理资本水平较高的领导也能对下属的绩效产生显著的正向影响（Walumbwa et al.，2010）。张阔等（2017）则考察了心理资本与任务绩效、关系绩效和适应性绩效三类不同工作绩效的关系，研究表明，心理资本对三类工作绩效都有显著的正向作用，且适应性绩效在心理资本和任务绩效、关系绩效中起中介作用。此外，教师的科研绩效、企业家的融资绩效等也会受到心理资本的积极影响（Anglin et al.，2018；赵富强等，2015a）。Slåtten 等（2019）对销售绩效、创新绩效等进行了探索，证明销售代表的心理资本是其创新绩效、销售绩效的预测因素。而心理资本对创造性绩效促进可以通过员工的组织信任间接实现（Ozturk and Karatepe，2019）。

心理资本为安全行为前导心理因素探索的诉求提供了很好的解决方案。心理资本作为一项个人心理资源，是当前中西方学术研究的一个重要领域，其作为积极组织行为学中的重要概念，也被认为是组织行为管理的一种新理念、新趋势。因此，从心理资本的视角来洞察建筑工人的安全行为问题，是一种必然的选择。

第三节　心理资本安全生产领域的研究进展

如前所述，心理资本对与工作相关的态度、行为、绩效的影响已经得到了相对丰富的证实，这使近年来安全管理领域的研究者也对心理资本产生了极大的兴趣，相关的研究成果也逐渐显现。特别是在 2019 年之后，主要表现在两个方面：一方面是在安全管理背景下探索心理资本的内容结构；另一方面是心理资本与安全结果的关系。

一、安全心理资本内容结构及影响机制探索

目前，在不同行业对特定于安全的心理资本内容、结构的探索研究非常有限。张青霞和何雪礼（2019）以隧道工人作为研究对象，针对隧道工人的安全，构建了隧道工人自信、韧性、希望、乐观和冷静的五维度心理资本结构，通过检验发现，隧道工人的心理资本对其在生产劳作中的安全参与行为有着积极正向的影响，但不显著影响其安全遵守行为。此后，孙剑等（2019）采用该量表进行了进一步研究，除隧道工人心理资本与其安全行为的积极关系以外，还表明安全氛围能显著正向调节这一关系。程永舟等（2022）开发的水利工程施工人员心理资本量表包含自我效能、希望、韧性、乐观、沉着五个维度。其后，程永舟等（2023）采用此量表探

讨了心理资本、风险偏好和不安全行为之间的关系，证明心理资本对不安全行为的负面影响部分是通过风险偏好实现的。

国内学者王璟等（2018）率先正式提出安全心理资本这一概念。其在矿山背景下开发了矿工安全心理资本的结构和量表，包含乐观、希望、安全自我效能感、韧性、冷静和自我调节六个维度。之后，该量表在矿工群体研究中得到了一定的应用，主要被用于调查矿工安全心理资本与不安全行为、违章行为及安全行为的关系。连民杰等（2020）认为矿工安全心理资本对违章行为存在显著负向影响，同时安全心理资本可以通过调整矿工风险偏好，进而减少违规行为的发生。此外，安全心理资本还被证实在积极领导力、非正式群体凝聚力与矿工安全行为关系中，都能起到独立中介作用，或与安全氛围、安全内驱力等变量一起起到链式中介作用（宫晓雪等，2023；李乃文等，2023a）。矿工安全心理资本和心理安全行为之间的关系也得到了验证，其在工作压力、工作资源及差错管理氛围与其心理安全行为关系中的中介作用（杜婕等，2020；李琰等，2019；李琰和张燕，2019）。

总的来说，在安全背景下对心理资本概念内涵和结构的探索还非常缺乏。此外，目前安全心理资本概念的提出是在煤矿安全背景下提出的，针对具有高度流动性、临时性和行为不可监督性的建筑工人的安全心理资本尚未进行深入、系统的探索。

二、心理资本与安全相关变量的关系

Eid 等（2012）首次以理论驱动的文献综述形式将心理资本与安全结果联系起来，推断出心理资本对安全结果的促进作用。他们虽未对此进行验证，但自此，心理资本对安全结果的影响引起了学者们的关注。因此，相对于特定安全的心理资本的研究，采用现有心理资本结构、量表对心理资本和安全相关变量的关系研究较为丰富，但也依然非常有限，主要集中在煤矿、建筑、交通运输等高危行业。

安全绩效，特别是安全行为绩效，是众多安全相关变量中最受关注的。在心理资本与安全行为关系的研究中，心理资本对安全行为的直接影响最常被探讨。Wang 等（2018a）认为心理资本能显著提高其安全行为水平，且对安全遵守行为的影响更强，而其四个子维度对安全遵守行为和安全参与行为都有正向影响。王霞（2020）则分别研究了本土心理资本两个维度对民航业新生代员工安全绩效影响的差异性，结果显示，两者均对安全绩效产生显著正向影响。其中，事务型心理资本对安全遵守行为的影响较大，而人际型心理资本则对安全参与行为的影响更大，且后者的作用时间较长。

在心理资本与安全行为直接关系的探讨中，绝大多数是将其作为中介变量进行的研究，形成了远端因素—心理资本—安全行为/不安全行为的作用机制。安全氛围是一个较为重要的远端因素，其对安全行为的促进（叶新风等，2014a），对违章行为的抑制（王霞，2017），都可以通过心理资本来实现。在这一过程中，工作压力能对心理资本与安全行为的关系进行调节（叶新风等，2014b）。心理资本还在领导风格、群体心理资本、薪酬满意度、差序氛围、安全激励等与安全行为的关系中起到显著的中介作用（高伟明等，2017；申智元和栗继祖，2022；王倩云和孙剑，2021；赵海颖和李恩平，2020）。且其中介作用比工作不安全感等其他变量更强（肖琴和罗帆，2019）。随着研究的深入，部分学者开始关注心理资本与知识共享、安全意识变量等在远端因素与安全行为之间的链式中介作用，但心理资本依然直接与安全行为相连（冯亚娟等，2020；蒋克，2021；张建设等，2022）。

只有少数学者将心理资本作为远端因素，探讨其对安全行为影响机制。Stratman 和 Youssef-Morgan（2019）基于社会认知理论探讨了心理资本、犬儒主义和不安全行为之间的关系，发现员工心理资本间接影响不安全行为，并通过准实验、前—后控制组设计，证明了心理资本发展与干预在增加心理资本和减少犬儒主义和不安全行为方面的有效性。高伟明和曹庆仁（2015）证明了心理资本对安全行为的正向影响是通过安全知识实现的。高伟明等（2016）通过实证研究发现，安全知识和安全动机均能在心理资本影响安全行为的过程中起到中介作用。王霞（2019）指出心理资本对犬儒主义和不安全行为都能产生负向影响。并且，通过行为实验的方式证明了心理资本干预确实可以有效降低员工的犬儒主义和不安全行为的发生。

部分学者将心理资本作为边界条件，对其所发挥的调节作用进行了探索。赵富强等（2015b）基于社会交换理论，证明了施工人员心理资本显著负向调节辱虐型管理与员工消极情绪的关系，并且在辱虐型管理与安全偏离行为间起显著中介作用。Wang等（2018a）认为心理资本能调节安全相关压力对安全参与行为的负向影响，且其四个子维度不仅能调节三种安全压力与安全参与行为的关系，还能调节整体安全压力与整体安全行为之间的关系。叶贵等（2023）证明了心理资本反向调节了工作倦怠在体力疲劳和不安全行为之间的中介作用。

鉴于心理资本对安全行为的积极作用，贾广社等（2019）将心理资本作为建筑工人安全行为预警体系中的一个关键影响因素。曾军（2018）、栗继祖和李红敏（2019）针对矿工的心理资本开发提出了改善安全行为的管理办法和建议。郭莉等（2019）探索了矿工基于心理资本的安全行为培育路径，认为提高矿工的心理资本，可有效提升矿工安全行为，减少煤矿事故。

然而，虽然当前研究大多指出，心理资本及其各维度能正向预测安全行为，负向预测不安全行为、违章行为等；但是，也有学者得出了不同的结果。心理韧性作为一种重要的心理资本要素，Chen等（2017）研究证明其与健康结果更为相关，对安全结果并无影响。He等（2019）则指出韧性只对安全参与产生促进作用，此外，自我效能感则对工人安全行为的两个维度都起到正向影响作用，心理资本的希望维度与安全行为不直接相关，乐观维度与安全参与负相关。还有研究证明，自信（即自我效能感）、乐观可能是不安全行为产生的重要原因（Kines，2003；Choudhry and Fang，2008）。

此外，少数学者还探讨了心理资本对安全氛围等其他安全相关变量的影响。Bergheim等（2013）发现心理资本不仅可以直接提高员工的安全氛围感知，还会通过促进积极情绪和抑制消极情绪来间接地提高安全氛围感知。随后，Bergheim等（2015）再次证明心理资本水平对安全氛围的影响，同时发现了工作满意度在其中的中介作用。

综上所述，目前，心理资本与安全相关的研究非常有限。心理资本子维度中自我效能感、乐观、希望等核心要素都被证实过与建筑工人的安全结果无关，甚至有负面影响。因此，探索对建筑工人群体安全更有针对性的安全心理资本内容结构是未来研究的必然方向。此外，现有研究通常将心理资本作为自变量或中介变量，研究其对安全行为产生的直接影响，而心理资本对员工安全行为和不安全行为的影响机制的探索不够深入，特别是这一过程中相应的调节机制几乎没有得到很好的探索。最后，心理资本与安全相关研究的研究设计大多基于实证研究，而这并不满足心理资本和安全行为关系的内隐性、长期性、动态性特性，应进一步拓展其研究方法。李国良等（2020）指出系统动力学作为一种研究系统动态行为的计算机仿真技术已逐渐成为安全行为领域的热点研究方法。笔者通过主题词1"安全行为+系统动力学"在知网期刊数据库中进行检索，一共出现了98个检索结果，排除掉综述类论文、书评，以及不针对安全行为的论文，最终有57篇利用系统动力学方法对安全行为进行研究的论文。这些论文自2008年开始出现，主要集中涌现在2016～2023年，这一阶段共有51篇，证明了用系统动力学对安全行为影响机理系统性、动态性研究的必要性逐渐受到学者们的重视。然而，以主题词2"心理资本+安全行为+系统动力学"在知网期刊数据库中进行搜索，却并无结果。由此可见，用系统动力学的方法对心理资本及相关影响因素对安全行为长期、动态影响的研究还相当缺乏。

第四节 本书着力点

通过对现有文献的梳理和归纳发现，安全行为相关研究中，以个人特质因素和环境因素为主的前导因素研究仍是目前安全行为研究的重点。由此，本书首先锁定了将心理资本这一新兴的个人特质因素作为安全行为前导因素的基本方向。其次，通过对心理资本相关研究的回顾，发现心理资本的内容和结构在不同行业、领域中存在差异，并且，其在一般工作领域对积极工作状态、结果的促进作用，以及对消极状态、结果的抑制作用都得到了大量证实。最后，对心理资本在安全领域的研究进展进行了回顾，发现心理资本在安全领域的研究尚处于起步阶段，主要在煤矿、民航行业中展开，缺乏建筑行业特性和安全领域特性，主要集中在对不安全行为的纠正方面，与安全行为关系的结论尚不统一，且缺乏系统性、动态性的研究，从而确定了两者关系有待研究的方向，为本书的研究提供了较好的切入点和具体方向。

第一，心理资本研究缺乏建筑行业和安全领域特性，更有针对性的建筑工人安全心理资本构念有待开发。心理资本具有一定的文化差异性，如在心理资本的本土化过程中探索得出的人际心理资本的内涵、维度就和现有基于西方文化背景提出的心理资本完全不同；而这种文化差异除了在跨国文化上体现，在不同的行业、领域背景下也应有所不同。因此，本书认为专门针对安全的安全心理资本也和一般针对事业成功、工作绩效等的心理资本内涵应有所不同。此外，心理资本在安全管理领域的研究多集中在煤矿和民航行业，而建筑工程项目组织和建筑工人都具有自身的特点，如高流动性、临时性、非正式性等导致的工作场所不固定、安全管理和培训等不具有连贯性等问题，与矿工及其他类型的车间工人都不相同，其所需要具备的安全心理资本也应该是不同的。因此，更有针对性的建筑工人安全心理资本构念的内涵、结构及测量工具还有待开发。

第二，心理资本对安全行为的积极促进作用机制还有待深入研究，特别是对该作用过程中的调节机制的探索。目前，在心理资本与安全相关的研究中，大多数学者只关注两者的直接关系，对其过程机制探索较少。而在过程机制的探索中，大多数都是从心理资本通过对工作倦怠等损耗、压力状态的抑制和削弱，来探索其对不安全行为的纠偏、矫正作用的；较少从积极组织行为学和积极心理学的角度，直接研究心理资本会通过怎样的积极状态的中间机制，对不安全行为和安全行为产生的积极作用。虽然，少数学者也探索了心理资本对安全结果的积极作用机制过程，但研究尚不深入，更未对建筑工人工作过程中所面临的风险、安全管理、工作压力等重要工作环境对该过程的调节机制进行探索。显然，如果只关注心理资本对消极状态、消极行为的抑制作用，不利于全面了解和挖掘心理资本对工人安全表现所产生的作用。而如果只简单地研究心理资本对安全行为的直接效应，则无法深入理解和挖掘心理资本是如何对建筑工人的安全行为产生作用的，更无法了解在什么情况下，这种激发作用会受到影响。因此，本书认为从心理资本对安全行为的积极促进角度出发，安全心理资本对安全行为影响作用，以及该影响过程中的中介和调节机制都还有待深入研究。

第三，心理资本对安全行为影响机理缺乏系统性、动态性的研究。行为安全管理的研究表明，安全心理资本、安全动机个人因素，以及风险、安全管理、工作压力源等环境因素对安全行为的影响并不是割裂的、单向的，而是动态的、复杂的、有反馈的、多因素交互的。此外，心理资本不是突然就获得的，而是在先天特质的基础上，在后天工作、学习和生活过程中，通过积累而获得的。心理资本对安全行为的影响更不是一蹴而就的，而是潜移默化的，具有内隐性、长期性和时滞性的特点。但是，目前学者们却大多采用截面数据对心理资本对安全行为的影响机理进行实证分析，显然这无法表现出心理资本对安全行为的长期及时滞作用特点，也无法反映安全行为影响因素系统的多重反馈复杂时变特性，以及建筑工人安全行为在系统中影响因素作用下的动态变化规律。因此，本书认为心理资本对安全行为影响机理的研究还缺乏系统性和动态性。

第三章
建筑工人安全心理资本结构研究

　　根据研究由浅入深的逻辑，本书要探索基于安全心理资本的建筑工人安全行为影响机理机制，就必须先清楚建筑工人安全心理资本构念的结构及测量。目前，心理资本包括的自我效能感、乐观、希望与韧性等维度是经列举形成的，外延尚不明朗，不排除添加了其他构成要素的可能性。而针对具有高度流动性、临时性和行为不便监督性的建筑工人安全的心理资本将会与以往的心理资本构成要素不同，因此本章的目的是探索建筑工人安全心理资本构念的结构及测量。具体地，首先，采用基于扎根理论思想的内容分析研究方法，通过对建筑行业相关人员访谈与问卷调查，构建出建筑工人安全心理资本构念经验结构与测量初始维度，归纳出建筑工人安全心理资本及其各维度的操作化定义；其次，根据访谈内容确定各维度的初始条目，在小样本中收集数据，通过对问卷数据进行项目分析、信度分析、探索性因子分析等，开发出信效度良好的建筑工人的安全心理资本量表；最后，在大样本中对量表信效度进行检验，用验证性因子分析等方法验证建筑工人安全心理资本因子结构的有效性，以最终开发出适用于建筑工人的安全心理资本的自陈量表，以便为后续研究提供研究工具。

第一节 建筑工人安全心理资本构念经验结构探索

一、研究对象选择

本次调查包括访谈对象和开放式调查问卷调查对象两类。一是访谈对象。在确定访谈对象之前，先与三家不同施工企业的高层管理者和安全部部长等人员进行多次交谈了解情况，选择经验较为丰富的项目经理所在的项目，对其进行预约访谈，并在到达项目工地后，除安全总监外，临时随机挑选该项目的其余受访人员（班组长、工人）。最终，在 2 个棚户区改造安置房项目、1 个小学及幼儿园工程、1 个汽车厂房新建项目及这些项目所属的三家企业中，共访谈 43 人次，其中，企业安全部部长 2 人次、企业安全员 3 人次、项目经理 4 人次、项目安全总监 2 人次、项目安全员 6 人次、班组长 8 人次和工人 18 人次。二是开放式问卷调查对象。为扩大调查时陈述句收集的范围，本书向河南（4 个项目）、重庆（2 个项目）和江苏（2 个项目）的 8 个项目的相关人员，以及河南省两所大学建筑工程相关专业的教师进行了开放式问卷调查，共发放 100 份，回收 69 份。其中，向 8 个建筑项目共发放问卷 80 份，回收有效问卷 51 份，包括项目经理（7 人次）、项目安全员（9 人次）、班组长（16 人次）、工人（19 人次），向教师共发放问卷 20 份，回收有效问卷 18 份。

二、研究工具设计

本次访谈的主要目的是了解有利于建筑工人安全行为的积极心理素质，以提取出其安全心理资本要素和结构。因此，笔者针对该目的设计了访谈提纲，采用半结构化访谈的方法进行，以对访谈的方向有一定的指引，不致偏题，同时又不使访谈有太大的局限性。在访问者提出问题后，由被访者自由回答。在访谈过程中，访问者会根据受访者的回答，进行适当的追问，加深访谈的深度，以收集更多关于建筑工人安全心理资本的关键信息。

由于本次访谈旨在发现更加针对安全的心理资本构成要素，因此将抛弃心理资本的先验结构，依据 Luthans 等（2004）在构建心理资本构念的组成维度时使用的 POB 标准（第一，积极性；第二，可以有效测量；第三，可以开发；第四，可以提高工作绩效），以及心理资本的"类状态"特征，设计了以下访问提纲：

（1）您认为建筑工人工作安全性是否受其心理因素的影响？如何影响？

（2）请您说一些身边的由于工人的心理因素引发的安全事故的实际案例？请您再具体说说是哪些心理因素（可包括心理素质、状态和能力等）？

（3）您所列举的这些心理因素哪些是瞬间就可以变化的？哪些是可以通过培训被改变的？哪些又是很难改变的？

（4）您认为这些心理因素为什么会导致这样的结果？

（5）您认为能够帮助工人保证安全的积极心理因素有哪些？

（6）您所列举的这些积极心理因素当中，哪些是可以通过后天培养形成的？

（7）您所列举的这些可以通过后天培养的积极心理因素当中，哪些是非常容易被改变的？哪些又是可以被改变的，但是需要一些时间的培养？

以上问题依据心理资本的特点，用层层递进的方式来收集建筑工人安全心理资本信息。该提纲主要是为访谈提供大概的方向，访谈过程中并不仅限于这些内容，会根据受访者回答的具体情况，保证在不离题的情况下，对访谈内容加以调整，以获取更加真实、有效的访谈信息。

另外，开放式问卷主要去掉一些阐述和描述性的问题，主要让被调查者进行列举：

（1）请您列举一些您认为在作业过程中能够帮助工人保证安全的积极心理因素。

（2）在（1）所列举的积极心理因素当中，您认为哪些是可以通过后天培养形成的？

（3）在（1）所列举的积极心理因素当中，您认为哪些是可以瞬间被改变的？

（4）在（1）所列举的积极心理因素当中，您认为哪些是很难通过后天培养形成的？

三、调查流程

1. 访谈流程

为了使访谈内容真实、可靠，达到预期的目标，本次访谈均在选定的各个建筑项目中进行。在访谈之前，成立访谈小组，小组成员至少由三人组成，其中包括从事安全管理研究的教师和硕博研究生，访谈小组需要在访谈开始前进行访谈培训，针对本书研究方向，要明确本次访谈的中心思想，并对提前设计好的访谈提纲进行熟练的掌握。同时，在访谈开始前，访谈小组要对访谈过程进行模拟训练，确保在访谈过程中能够达到一气呵成，通过访谈技巧，获取对本章研究具有一定价值的访谈信息。

在访谈之前，经过访谈小组的模拟访谈训练，对访谈效果做出评价，如果在访谈过程中存在不合理的内容或问题，经过小组商议进行合理的修订，确保访谈提纲科学有效，能够为本章提供有利的访谈内容，最终确定正式访谈提纲。

为了访谈的顺利进行，本次访谈地点的选择都遵循方便受访者的就近原则，以及环境安静、舒适的原则。访谈前，预先通过集团公司安全部部长与该项目的项目经理进行访谈，在到达项目工地后，除项目经理本人、安全总监外，其余受访人员都由研究人员自行随机挑选。在访谈之前告知被采访者，本次访谈采用不记名、不公开的形式进行，不会透露个人信息，仅仅根据研究需要进行采访。因此，被访对象根据个人的真实想法如实地回答问题即可，不会对受访者造成任何威胁，以打消其顾虑。访谈过程中，会将受访者的回答摘要记录下来，同时与受访者达成一致意见，可以对访谈内容进行录音，以便检验记录是否忠于原始陈述。

在确立了访谈对象后，将设计好的访谈提纲进行提前发放，让被访者提前接触访谈提纲，并针对访谈内容做好访谈准备。在发放访谈内容提纲的同时，告知被访对象，本提纲是根据研究内容进行设计的，只是一个中心框架，可以在本提纲的基础上进行其他延伸，或者具体的访谈内容会根据访谈情况在此基础上自由发挥。在访谈的过程中，访谈者会尽力创造良好的访谈环境，尽量使访谈在轻松和愉快的氛围中进行，避免受访者感到压力和紧张。与此同时，访谈者还需要对访谈有整体的控制，要避免偏题、暗示、诱导等情况的出现。访谈者应根据受访者的具体回答进行追问，通过访谈技巧和之前的访谈排练，对符合本书研究需要的信息进行深入挖掘，以获取更多有价值的信息。访谈结束后，对访谈内容进行逐条整理，分类归纳，完整的记录存档，为本书提供有效的信息资料，系统地提炼建筑工人安全心理资本。

2. 开放式问卷调查流程

用问卷星制作出电子版问卷链接，将其发放给各建筑项目及学院的调查负责人，由调查负责人按照要求随机选择被调查对象，被调查对象通过问卷链接进行填写，研究者可以直接从链接下载问卷结果进行整理。

四、调查资料内容分析

首先，由包括笔者在内的 2 名博士研究生和 3 名硕士研究生，将访谈得到的录音资料转换为文字资料，加上开放式调查问卷所得到的文字资料一起，运用内容分析法，以调查对象的原始陈述句为分析单元，主要是保证语义单元的完整性和互斥性，共有 704 条初始陈述句。对原始陈述句进行整理和编码，删除语义含糊不清的 39 条、答非所问的 22 条，以及与安全心理资本范畴含义明显不符的陈述句 32 条，共筛选出 611 条具有独立意义的陈述句。

接着，对筛选出的陈述句展开第一次归类，即把用不同方式表述但实质上内容相似的陈述句合并，概括出反应类目。这一过程主要是依据直观判断，不用对陈述句的内涵进行过多的延伸。归类结束后，共获得 41 个反应类目。

反应类目确定以后，继续对反应类目进行概念层次的合并和归类，进一步抽象出反应主题，形成概念的维度类别。由包括笔者在内的 3 名博士研究生进行，各自对这些反应类目进行归类。最终，概括出韧性、安全自我效能感、乐观、希望、警惕性、宜人性和开放性 7 个反应主题，从而初步确定建筑工人安全心理资本构念的经验结构。

为验证反应类目概括与抽象的科学性和适当性，请两名心理学博士和两名心理学硕士组成第三方，对上述研究结果进行验证。首先，让一名心理学博士对已经概括出来的类目重新分类，并归类出相应的主题，与上述7个反应主题进行比对。结果表明，该心理学博士概括出来的主题与前述研究结果一致，在一定程度上表明这7个反应主题的划分是可靠和可信的；然后，让另一名心理学博士和两名心理学硕士对反应类目进行反向归类，即先告知心理学硕士7个反应主题类别及其内涵，再由三人独立地将反应类目逐条划分到相应的反应主题中去。结果显示，三位反向归类者都放入预想类别中的反应类目有33条，比例为80.5%；其中有两位将该反应类目放入预想主题中的共有3条，比例为7.3%；其中三位反向归类者中只有一位将其放入预想主题的反应类目有2条，比例为4.9%；三位都没将其放入预想类别中的反应类目有3条，比例为7.3%。将三位反向归类者都没放入预想类别中的3条反应类目进行剔除，形成38个反应类目和建筑工人安全心理资本7个反应主题。

五、内容分析结果

通过对调查资料的内容分析得到了7个反应主题，共38个反应类目，包括韧性（7个反应类目）、安全自我效能感（5个反应类目）、乐观（3个反应类目）、希望（5个反应类目）、警惕性（6个反应类目）、宜人性（6个反应类目）和开放性（6个反应类目）。同时，根据各反应主题所包含的内容，笔者对各反应主题进行了定义，如表3-1所示。

表 3-1　建筑工人安全心理资本构念的反应类目归类统计

反应主题	定义	编号	反应类目	频数
韧性	具有在困境、变化和危难中，顶住压力成功应对，并迅速恢复和超越的心理能力	1	环境越恶劣，越重视安全	23
		2	压力下保持对安全的高要求	19
		3	保持足够精力应付危险	16
		4	紧急情况下保持沉着冷静	13
		5	迅速调整不良状态	13
		6	事故后迅速恢复	11
		7	安全问题再难也要解决	9

续表

反应主题	定义	编号	反应类目	频数
安全自我效能感	对自己是否能安全地完成自己工作范围内的任务和工作，从而实现安全目标的心理预期	8	对执行好安全程序有自信	21
		9	自信能解决工作中的安全问题	17
		10	相信能恰当传递、表述安全信息	16
		11	对自身安全知识、技能有信心	15
		12	相信自己能制定恰当的安全目标	13
乐观	相信安全会向更好的方向发展的积极心理状态和信念	13	伤害是可以避免的	20
		14	安全水平是可控的	20
		15	持续关注安全是有意义的	18
希望	坚决达到安全目标的意志力和信念，为实现安全目标而寻找调整方法和途径的心理能力	16	有多种途径实现安全目标	19
		17	能想办法改善安全条件	16
		18	有很多办法摆脱危险	13
		19	认可自身安全表现	13
		20	为实现安全目标持续努力	11
警惕性	对生产安全保持谨慎，并能理性识别、评估和处理危险信息与隐患，保持适度畏惧的心理状态	21	关注常见风险	25
		22	及时应对轻微事故	22
		23	预想事故最坏后果	17
		24	不放松安全程序	14
		25	反复确认安全措施	13
		26	工作保持专注	11
宜人性	是一种具有亲社会特征的心理能力，能对集体、他人保持信任、包容等积极的态度，从而融入和适应所处环境	27	容易获得他人的安全支持和帮助	22
		28	适应不同风格领导	18
		29	冲突后能快速和解	14
		30	肯定他人的安全优点	14
		31	和有不同安全理念的人和睦相处	12
		32	积极融入安全氛围	11
开放性	能够多角度思考问题，灵活变换安全保护策略，创造性解决未知问题的心理能力	33	主动分析未知安全隐患	21
		34	不同角度反思安全做法	21
		35	综合不同安全方案的优点	18
		36	迁移知识、经验	18
		37	根据具体条件变化采用不同的安全工作方式	13
		38	结合安全程序调整习惯	11

综合以上内容，本章对建筑工人安全心理资本的整体概念进行界定，将其定义为在高不确定性、危险性、临时性、流动性和压力性的建筑项目环境下，建筑工人在实际工作和生活中为人处世时所拥有的一种可测量、可开发和对自身安全行为表现及整体安全绩效有促进作用的积极心理状态和能力。

第二节　建筑工人安全心理资本测量量表编制及测试分析

一、初始量表编制

李林梅（2000）认为一份好的调查问卷设计要遵循一定的规则。第一，必须要有明确的目的性，其设计要与调查主题有密切关系，并能突出重点。第二，要使被试人群容易接受，能够打消顾虑，安心答题。第三，问卷的题项要有清晰的条理，其难易程度、敏感性等都要遵循一定的顺序。第四，题项要对被试人群具有一般性和普适性。第五，问卷的题目之间要有一定的内在逻辑和联系。第六，问卷的题目不能模棱两可，必须准确且清晰，使被试人群能够给出明确的答案。第七，问卷的题目不能具有明确的诱导性，要使被试人群能够按照真实情况填写，而不是根据诱导、提示等倾向于选择某个答案。第八，问卷内容要简短、明了，尽量不要作答时间过长。第九，问卷所收集到的数据要便于统计分析。

基于以上原则，根据上述 38 个反应类目，对建筑工人安全心理资本各初始子维度编写描述性语句，编制初始量表。量表编制结束后，笔者在位于北京顺义区一个建筑项目的两个班组内进行了小范围的测试，对于反映含糊不清的地方进行了调整，形成了建筑工人安全心理资本初始量表，如表 3-2 所示。该量表采用李克特的 5 点量表计分法，从"非常不符合"到"非常符合"，依次不断增加。其中，题项 AQXL6、AQXL21 为反向计分条目。

表3-2 建筑工人安全心理资本初始量表

初始维度	题项编号	初始条目
韧性	AQXL1	环境条件越不利于安全，我越注意保护自身安全
	AQXL2	即使工作压力大，我也不降低对自身安全的要求
	AQXL3	我保持足够的精力来应对工作中的安全威胁和危险
	AQXL4	紧急情况下，我更能沉着冷静地应对
	AQXL5	我能迅速调整不良状态，防止在作业过程中造成失误
	AQXL6	经历安全事故后，我很难从中恢复过来
	AQXL7	无论遇上多难的安全问题，我都会去解决
安全自我效能感	AQXL8	我相信我能较好地执行安全程序、指令
	AQXL9	我对解决作业过程中出现的安全问题有信心
	AQXL10	我相信自己能较好地向他人表达、传递安全信息
	AQXL11	我相信自己掌握了很好的安全知识和技能
	AQXL12	我相信我能为自己制定适当的安全目标
乐观	AQXL13	我相信只要多加注意，就可以避免大部分伤害
	AQXL14	我相信每个人都可以提高工作范围内的安全
	AQXL15	我坚信对安全的持续关注对提高作业场所的安全是有意义的
希望	AQXL16	我有很多实现安全目标的途径
	AQXL17	我总能想办法改善安全生产条件
	AQXL18	即使陷入危险，我也能想出各种办法去摆脱出来
	AQXL19	我认可自己在安全方面一直以来的表现
	AQXL20	我一直都在努力实现我的安全目标
警惕性	AQXL21	只有重大风险才会引起我的注意
	AQXL22	无论事故或隐患轻重，我都会及时处理
	AQXL23	即使不太可能发生，我面对轻微风险也会预想事故最坏的后果
	AQXL24	即使看上去没有必要，我还是认为遵守安全程序更好
	AQXL25	只要开始作业，我就会反复确认安全措施是否到位
	AQXL26	我总是专注于作业，不会因为无关的事走神
宜人性	AQXL27	作业中，我总是能轻松获得他人的帮助和支持
	AQXL28	我能够适应不同风格的领导
	AQXL29	即使与他人在作业中发生冲突，我也能很快和解
	AQXL30	我总是肯定他人安全方面的优点
	AQXL31	只要不违背安全规定，跟与自己安全理念相左的人，我也能合得来
	AQXL32	我总是积极融入安全氛围

续表

初始维度	题项编号	初始条目
开放性	AQXL33	我能够主动分析出未被告知的安全隐患
	AQXL34	我常从不同角度反思自身安全做法以做出改善
	AQXL35	我能够综合不同安全问题处理方式中的优点
	AQXL36	我能够主动结合现有知识和经验，解决未被告知的安全问题
	AQXL37	根据不同作业环境条件，我都有相应的安全工作方式
	AQXL38	我总是能够结合安全程序来调整作业习惯

二、初始量表预测试与分析

1. 初始量表小样本调查

本部分选取了位于北京、上海、江苏、河南、重庆 5 个省（直辖市）的 10 个不同规模的项目，把设计好的初始量表进行发放，共计发放量表 220 份，回收 208 份，有效 189 份。表 3-3 是初始量表的小样本调查的基本信息。在接受小范围调查回收有效的 189 份结果中，男性 179 人，约占总调查有效结果的 95%，女性 10 人，约占总调查有效结果的 5%。建筑工地的工人的工作种类很多，例如，混凝土工、钢筋工、木工、电焊工、杂工等，建筑工地的女性少的原因是本身多数工种需要较强的体力，更加适合男性，根据实际的调查情况，女性工人几乎全部集中在普通工中。通过百分比来看，无论是男性还是女性，建筑工地的工人的年龄多集中在 41~50 岁，其次是 31~40 岁和 50 岁以上这两个年龄段。究其原因，建筑工地对一线工人的工作经验（工龄在 5 年及以下的只占了 4.8%），以及体能、体力有一定的要求。但是对其教育程度要求不高，主要集中在初中及以下，占 67.2%，所以在建筑工地的一线工人中，以年龄稍大的人群为主，年轻人和有一定学历的人员从事建筑工地一线工作的较少。

表 3-3　样本特征分布（N=189）

		男性	女性	合计	百分比（%）
性别	男性	179		179	94.7
	女性		10	10	5.3

续表

		男性	女性	合计	百分比（%）
工种	普通工	17	10	27	14.3
	钢筋工	13	0	13	6.9
	混凝土工	23	0	23	12.2
	架子工	21	0	21	11.1
	木工	25	0	25	13.2
	抹灰工	18	0	18	9.5
	砌筑工	19	0	19	10.1
	电焊工	26	0	26	13.8
	其他	17	0	17	9.0
年龄	20 岁及以下	2	0	2	1.1
	21~30 岁	28	1	29	15.3
	31~40 岁	42	2	44	23.3
	41~50 岁	74	8	82	43.4
	51 岁以上	29	0	29	15.3
工龄	5 年及以下	8	1	9	4.8
	6~10 年	53	7	60	31.7
	11~15 年	76	2	78	41.3
	16~20 年	24	0	24	12.7
	21 年及以上	18	0	18	9.5
教育程度	初中及以下	119	8	127	67.2
	高中、高职、中专	54	2	56	29.6
	大专	5	0	5	2.7
	本科及以上	1	0	1	0.5

2. 测量题项的筛选与信度分析

（1）测量题项筛选。通过修正条目总分相关分析法对建筑工人安全心理资本条目进行分析，删除无效的安全心理资本条目，并确定最终的建筑工人安全心理资本量表的条目。修正的项目总相关系数（Corrected Item Total-Correlation，CITC）是净化量表题项比较常用的方法之一。该方法主要检验某一测量题项与其他所有测量题项总分的相关性，以及删除该测量题项对整个量表一致性的改进程度。当修正的项目总相关系数小于0.3时，意味着这一题项与其他题项之间不存在强烈的相关性，需删除。分析结果如表 3-4 所示，题项 AQXL32 对应的 CITC 值小于 0.3，应予以删除，从而保留 37 个题项。

表 3-4　修正项目与总分相关分析结果

题项	删除项目后的标度平均值	删除项目后的标度方差	修正的项目总相关系数（CITC）	项目删除后的克隆巴赫系数
AQXL1	151.284	412.953	0.727	0.967
AQXL2	151.275	413.062	0.618	0.968
AQXL3	151.281	413.298	0.745	0.967
AQXL4	151.283	411.685	0.646	0.968
AQXL5	151.325	411.149	0.8	0.967
AQXL6	151.431	409.244	0.713	0.967
AQXL7	151.455	403.639	0.791	0.967
AQXL8	151.384	418.34	0.507	0.968
AQXL9	151.419	417.435	0.522	0.968
AQXL10	151.437	416.823	0.543	0.968
AQXL11	151.409	418.414	0.502	0.968
AQXL12	151.482	414.438	0.594	0.968
AQXL13	151.658	406.964	0.64	0.968
AQXL14	151.353	416.788	0.508	0.968
AQXL15	151.384	410.983	0.71	0.967
AQXL16	151.392	409.853	0.691	0.967
AQXL17	151.267	416.821	0.601	0.968
AQXL18	151.306	411.384	0.763	0.967
AQXL19	151.314	411.792	0.743	0.967
AQXL20	151.291	414.03	0.697	0.967
AQXL21	151.681	403.446	0.686	0.968
AQXL22	151.573	406.239	0.749	0.967
AQXL23	151.578	406.423	0.784	0.967
AQXL24	151.497	407.665	0.768	0.967
AQXL25	151.679	405.808	0.754	0.967

题项	删除项目后的标度平均值	删除项目后的标度方差	修正的项目总相关系数（CITC）	项目删除后的克隆巴赫系数
AQXL26	151.595	405.089	0.807	0.967
AQXL27	151.045	417.964	0.601	0.968
AQXL28	151.033	418.112	0.54	0.968
AQXL29	151.087	417.44	0.61	0.968
AQXL30	151.148	418.606	0.592	0.968
AQXL31	151.025	417.53	0.585	0.968
AQXL32	151.095	417.97	**0.29**	0.968
AQXL33	151.08	417.105	0.609	0.968
AQXL34	151.136	416.889	0.712	0.967
AQXL35	151.122	416.25	0.687	0.967
AQXL36	151.177	415.429	0.776	0.967
AQXL37	151.253	413.849	0.748	0.967
AQXL38	151.142	416	0.623	0.968

（2）信度分析。信度主要指的是测试方法所带来的测试结果稳定性与相似一致性，其一致性越高则该测试方法的信度也就越高。本章利用克隆巴赫（Cronbach's α）信度系数法检验量表的信度，其判定标准是 Cronbach's α 系数大于 0.7，则认为量表具有可靠性和稳定性。首先，利用 SPSS 26.0 软件分析得出，建筑工人安全心理资本初始量表的 Crobach's α 值为 0.968，大于 0.7 的判定标准，说明建筑工人安全心理资本初始量表的总体信度高，建筑工人安全心理资本初始测量量表整体可以接受。

3. 项目分析

信度检验之后，笔者采用临界比值（Critical Ration，CR 值）对初始量表进行项目分析，主要是为了鉴别不同被调查者对问卷内容的敏感程度。将调研者问卷得分总值从高到低排序，按照得分前 27% 为高分组、后 27% 为低分组的规则将问卷结果分为两组，然后对高低两组被试者在各题目的平均数差异值进行独立样本 T 检验，验证不同题项在高分组和低分组是否具有显著性差异，显著性差异的题项（p<0.05）表明该题项能够鉴别不同被调查者的反应程度，在调查中有意义，应予以保留。反之，未达到显著

性的题项（p>0.05）则没有意义，应该删除。分析结果如表 3-5 所示，所有题项都达到了显著性水平，条目无须删除。

表 3-5 项目分析结果

题项	t 值	题项	t 值
AQXL1	−12.082***	AQXL20	−10.772***
AQXL2	−8.423***	AQXL21	−12.893***
AQXL3	−12.048***	AQXL22	−14.585***
AQXL4	−7.97***	AQXL23	−14.475***
AQXL5	−12.378***	AQXL24	−15.105***
AQXL6	−10.814***	AQXL25	−14.765***
AQXL7	−12.716***	AQXL26	−16.663***
AQXL8	−6.655***	AQXL27	−6.513***
AQXL9	−7.204***	AQXL28	−5.704***
AQXL10	−7.734***	AQXL29	−6.879***
AQXL11	−6.429***	AQXL30	−6.425***
AQXL12	−8.367***	AQXL31	−7.74***
AQXL13	−7.718***	AQXL33	−8.04***
AQXL14	−5.592***	AQXL34	−10.344***
AQXL15	−9.89***	AQXL35	−9.536***
AQXL16	−9.571***	AQXL36	−11.881***
AQXL17	−8.185***	AQXL37	−10.337***
AQXL18	−13.114***	AQXL38	−9.133***
AQXL19	−11.208***		

注：***表示 p<0.001。

4. 探索性因子分析

自行开发的量表在进行条目筛选之后，还需要以探索性因子分析的方法对其因子结构进行探索，以检验其结构效度。进行因子分析的首要前提是要确定待分析的原有变量是否适合进行因子分析。因此，本书根据因子分析原理及要求，首先通过 SPSS 26.0 统计软件对建筑工人安全心理资本的 37 个条目进行 KMO 检验和巴特利特球形检验，结果显示，其球形检验 BTS 值在小于 0.001 上显著，拒绝变量相关系数矩阵是一个单位阵的零假设，说明变量间是有关联关系的，而不是独立的。同时 KMO 校验值为 0.911，大于 0.90 的较高判别标准。由此可知，量表非常适合进行因子分析。

接着，对量表进行第一次探索性因子分析。探索性因子分析原理要求按照特征值大于 1 和方差最大正交旋转法抽取共同因子，且需要删除因子载荷不足 0.50 及存在交叉载荷的题项。经过第一次探索性因子分析，共抽取了 6 个因子，原乐观维度条目 AQXL13、AQXL14、AQXL15 和原希望维度条目 AQXL16、AQXL17、AQXL18、AQXL19、AQXL20 共同聚合到了第 6 个主因子上。另外，AQXL7、AQXL17、AQXL19、AQXL31、AQXL38 这 5 个题项的因子载荷均小于 0.5，予以删除，剩下 32 个题项。

然后，对剩下的 32 个题项再一次进行探索性因子分析，结果如表 3-6 所示，各因子特征值大于 1，每个题项的因子载荷均大于 0.5 的临界值，范围为 0.503~0.969，32 个题项与 6 个因子之间的归属关系明确。累计贡献率达到 89.356%，超过了 60%，表明可以解释总体信息量。由于乐观和希望维度聚合成了新的因子，需对其进行重新命名，根据对乐观和希望的定义，及其包含题项的内容，可以看出两者都是建筑工人对安全所持有的积极的态度和信念。因此，将两者合并而成的新因子重新命名为"安全信念"，是工人因具有坚信安全能向更好的方向发展的信念，获得在作业过程中不仅拥有解决安全问题的决心和意志力，而且能够尽可能多地找到实现目标和解决问题的方法的心理能力。

表 3-6　探索性因子分析结果

题项	因子					
	1	2	3	4	5	6
AQXL21	0.94					
AQXL22	0.887					
AQXL23	0.884					
AQXL25	0.881					
AQXL24	0.867					
AQXL26	0.858					

续表

题项	因子					
	1	2	3	4	5	6
AQXL2		0.932				
AQXL1		0.904				
AQXL3		0.885				
AQXL5		0.828				
AQXL4		0.777				
AQXL6		0.674				
AQXL8			0.969			
AQXL11			0.963			
AQXL10			0.963			
AQXL9			0.961			
AQXL12			0.937			
AQXL33				0.921		
AQXL34				0.862		
AQXL35				0.856		
AQXL37				0.77		
AQXL36				0.714		
AQXL28					0.942	
AQXL29					0.905	
AQXL27					0.903	
AQXL30					0.901	
AQXL13						0.761
AQXL14						0.709
AQXL15						0.645
AQXL16						0.615
AQXL20						0.535
AQXL18						0.503
因子方差贡献率	18.43	17.527	15.994	14.145	12.76	10.5
累计方差贡献率	18.43	35.956	51.951	66.096	78.856	89.356

5. 正式量表的确定

建筑工人安全心理资本正式调查问卷由个人基本信息和安全心理资本

量表构成。个人基本信息部分包括年龄、教育程度、性别、工龄、工种等。通过调整和重新编号，建筑工人安全心理资本量表如表 3-7 所示，共 32 个题项，6 个维度分别是警惕性、韧性、安全自效能感、开放性、宜人性和安全信念。采用李克特 5 点评分方法进行自评；1 表示非常不符合，2 表示较不符合，3 表示基本符合，4 表示较为符合，5 表示非常符合。其中，AQXL1 为反向计分题项。受访者根据实际情况回答问题。

表 3-7　建筑工人安全心理资本正式量表

维度	题项	正式条目
警惕性	AQXL1	只有重大风险才会引起我的注意
	AQXL2	无论事故或隐患轻重，我都会及时处理
	AQXL3	即使不太可能发生，我面对轻微风险也会预想事故最坏的结果
	AQXL4	即使看上去没有必要，我还是认为遵守安全程序更好
	AQXL5	只要开始作业，我就会反复确认安全措施是否到位
	AQXL6	我总是专注于作业，不会因为无关的事走神
韧性	AQXL7	环境条件越不利于安全，我越注意保护自身安全
	AQXL8	即使工作压力大，我也不会降低对自身安全的要求
	AQXL9	我保持足够的精力来应对工作中的安全威胁和危险
	AQXL10	紧急情况下，我更能沉着冷静地应对
	AQXL11	我能迅速调整不良状态，防止造成作业过程中的失误
	AQXL12	无论遇上多难的安全问题，我都会去解决
安全自我效能感	AQXL13	我相信我能较好地执行安全程序、指令
	AQXL14	我对解决作业过程中出现的安全问题有信心
	AQXL15	我相信自己能较好地向他人表达、传递安全信息
	AQXL16	我相信自己掌握了很好的安全知识和技能
	AQXL17	我相信我能为自己制定适当的安全目标
开放性	AQXL18	我能够主动分析出未被告知的安全隐患
	AQXL19	我常从不同角度反思自身安全做法以做出改善
	AQXL20	我能够综合不同安全问题处理方式中的优点
	AQXL21	我能够主动结合现有知识和经验，解决未被告知的安全问题
	AQXL22	根据不同作业环境条件，我都有相应的安全工作方式

续表

维度	题项	正式条目
宜人性	AQXL23	作业中，我总能轻松获得他人的帮助和支持
	AQXL24	我能够适应不同风格的领导
	AQXL25	即使与他人在作业中发生冲突，我也能很快和解
	AQXL26	我总会肯定他人安全方面的优点
安全信念	AQXL27	我相信只要多加注意，就可以避免大部分伤害
	AQXL28	我相信每个人都可以提高工作范围内的安全
	AQXL29	我坚信对安全的持续关注对提高作业场所的安全是有意义的
	AQXL30	我有很多实现安全目标的途径
	AQXL31	即使陷入危险，我也能想出各种办法摆脱出来
	AQXL32	我一直都在努力实现我的安全目标

第三节 建筑工人安全心理资本量表大样本测试和因子结构验证

一、正式量表大样本调查

正式量表样本选取了 30 个不同规模的项目，分别位于北京、河北、河南、上海、江苏、重庆、贵州七个省（直辖市），能够反映国内建筑行业工程实践的一般水平，较具代表性。在获得高层领导的同意后，研究人员在建筑工地现场针对需要调查的对象，对建筑工人进行调查问卷的发放。本次调查问卷一共发放 520 份。在调查开始前，调查人员强调了本问卷作为研究所用，采用不记名的形式进行发放与回收，不涉及被调查者的个人信息，请根据心中的真实想法进行填写。为了保证调查问卷能够引起广大建筑工人的重视，并能够认真完整地将调查问卷填写完成，笔者特地在问卷最后设置了电子红包，用来答谢对本次问卷调查付出认真态度的工人。最终，去掉漏选、多选、全部题项选择一个答案和问卷题项的选择呈现某种规律的问卷，总计回收问卷 512 份，有效问卷 378 份（有效回收率 73.8%）。

表 3-8 报告了被试的人口统计学信息。可以看出，建筑行业是一个男性主导的行业，占据了被试的绝大多数（92.1%）。在所有受试者当中，年龄主要集中于 31~50 岁，共占 69.6%。大部分被调查者的最高学历是高中（高职、中专）及以下（89.7%），且其中初中及以下占绝大多数。与学历相比，工人的工作经验一般较为丰富，工龄在 5 年及以下的被试只占样本的 6.3%。被试者主要来自 8 个工种类型：普通工（15.3%）、钢筋工（9.8%）、混凝土工（8.5%）、架子工（7.7%）、木工（14.6%）、抹灰工（9.0%）、砌筑（12.2%）和电焊工（6.6%）。这些基本包含了一般建筑施工项目中最主要的工种类型，此次调查中工种类型的多样性基本可以保证调查结果的全面性和普适性。

表 3-8　样本特征分布（N=378）

		样本数	百分比（%）
年龄	20 岁及以下	3	0.8
	21~30 岁	63	16.7
	31~40 岁	119	31.5
	41~50 岁	144	38.1
	51 岁及以上	49	13.0
性别	男性	348	92.1
	女性	30	7.9
工龄	5 年及以下	24	6.3
	6~10 年	133	35.2
	11~15 年	95	25.1
	16~20 年	89	23.5
	21 年及以上	37	9.8
教育程度	初中及以下	241	63.8
	高中、高职、中专	98	25.9
	大专	25	6.6
	本科及以上	14	3.7
工种	普通工	58	15.3
	钢筋工	37	9.8
	混凝土工	32	8.5

续表

		样本数	百分比（%）
	架子工	29	7.7
	木工	55	14.6
	抹灰工	34	9.0
工种	砌筑工	46	12.2
	电焊工	25	6.6
	其他	62	16.4

二、信度检验

信度主要指的是测量量表的科学、客观及可靠程度。换而言之，即测量量表所带来的测试结果稳定性与一致性，其一致性越高则该测试方法的信度也就越高。信度一般有内部信度、外部信度两种。变量信度的高低一般采用内部一致性来进行检验。内部一致性越高，表明检验结果的可信度就越高。常用的内部信度指标为 Cronbach's α 系数，以判断测量量表的整体可靠性。Cronbach's α 系数越大，则认为量表可靠性和稳定性越高。Henson（2001）认为，Cronbach's α 系数大于 0.7 时，开发的量表才可靠。因此，本部分以该标准评估开发的建筑工人安全心理资本量表的各维度和整体的信度。结果如表 3-9 所示，建筑工人安全心理资本的 Cronbach's α 系数为 0.915，各维度的 Cronbach's α 系数在 0.833~0.900，均大于 0.7，说明建筑工人安全心理资本量表信度较高，量表整体可接受。

表 3-9　信度分析结果

	Cronbach's α	题项数目
警惕性	0.900	6
韧性	0.878	6
安全自我效能感	0.877	5
开放性	0.889	5
宜人性	0.833	4
安全信念	0.883	6
总量表	0.915	32

三、建筑工人安全心理资本因子结构验证

验证性因子分析具有理论先验性，目的是验证样本数据与理论模型的契合程度，判断标准就是模型的适配度，通常采用拟合指数进行说明。因此，在探索性因子分析的基础上，对建筑工人安全心理资本在大样本中进行验证性因子分析，以进一步检验结构模型的合理性，检验模型的拟合度，以及量表的收敛效度和区别效度。

1. 模型拟合度检验

在众多的拟合指数中，本书选用卡方自由度比值（χ^2/df）小于 3、近似误差均方根（RMSEA）小于 0.05、残差均方根（RMR）小于 0.08、拟合指数（GFI）大于 0.80、调整后的拟合指数（AGFI）大于 0.80、比较拟合指数（CFI）大于 0.90、规范拟合指数（NFI）大于 0.90、非规范拟合指数（TLI）大于 0.90 几个拟合指标对模型的适配度进行评价。结果如表 3-10 所示，模型拟合度较好。

表 3-10　建筑工人安全心理资本测量模型的拟合指数

χ^2/df	RMSEA	RMR	GFI	AGFI	NFI	CFI	TLI
1.509	0.037	0.053	0.9	0.883	0.964	0.900	0.960

2. 效度检验

在测量模型与样本数据之间总体拟合的基础上，考虑测量的结构效度，采用因子载荷大于 0.5、组合信度（CR）大于 0.7、平均抽取方差（AVE）大于 0.5 的判断标准确定测量的收敛效度。采用每一个潜变量 AVE 的平方根与该潜变量与其他潜变量的相关系数进行比较的方法确定测量的区别效度，如果前者大于后者，则意味着不同构念的观测指标之间不存在高度相关，说明量表具有良好的区别效度。

如表 3-11 所示，首先，所有测量题项的标准因子载荷值均大于 0.5 的判断标准，警惕性、韧性、安全自我效能感、开放性、宜人性和安全信念分量表的 CR 值依次为 0.900、0.879、0.878、0.889、0.833、0.884，大于临界值 0.7；六个维度的 AVE 值依次为 0.601、0.549、0.591、0.616、

0.555、0.559，大于临界值 0.5。以上结果表明建筑工人安全心理资本量表具有较好的收敛效度。其次，该量表有六个维度，需进一步判断区别效度，可以看出每个潜变量的平均方差提取量（AVE）的平方根大于与其他潜变量之间的相关系数，表明建筑工人安全心理资本量表的区别效度可以接受。

表 3-11　收敛效度和区别效度检验结果

潜变量	观测变量	因子载荷	CR	AVE	警惕性	开放性	宜人性	韧性	安全信念	安全自我效能感
警惕性	AQXL1	0.766	0.900	0.601	0.775					
	AQXL2	0.789								
	AQXL3	0.819								
	AQXL4	0.782								
	AQXL5	0.749								
	AQXL6	0.745								
韧性	AQXL7	0.647	0.879	0.549	0.419	0.741				
	AQXL8	0.787								
	AQXL9	0.750								
	AQXL10	0.767								
	AQXL11	0.756								
	AQXL12	0.733								
安全自我效能感	AQXL13	0.819	0.878	0.591	0.234	0.230	0.769			
	AQXL14	0.769								
	AQXL15	0.714								
	AQXL16	0.777								
	AQXL17	0.761								
开放性	AQXL18	0.781	0.889	0.616	0.278	0.359	0.270	0.785		
	AQXL19	0.782								
	AQXL20	0.797								
	AQXL21	0.794								
	AQXL22	0.771								

续表

潜变量	观测变量	因子载荷	CR	AVE	警惕性	开放性	宜人性	韧性	安全信念	安全自我效能感
宜人性	AQXL23	0.697	0.833	0.555	0.395	0.343	0.375	0.502	0.745	
	AQXL24	0.768								
	AQXL25	0.779								
	AQXL26	0.734								
安全信念	AQXL27	0.729	0.884	0.559	0.157	0.508	0.299	0.491	0.340	0.748
	AQXL28	0.809								
	AQXL29	0.720								
	AQXL30	0.741								
	AQXL31	0.730								
	AQXL32	0.753								

注：带下划线的值为每个潜变量平均抽取方差的平方根，其他为潜变量间的相关系数。

本章还采用同时效度和预测效度对建筑工人安全心理资本量表的效标关联效度进行评价。建筑工人的安全考核分数是安全工作实践过程中最好获取的对其安全能力、水平的评价标准之一。所以，将安全考核分数确定为效标，采用被调查者在接受调查前最近 2 次的安全考核分数作为同时效标，采用被调查者接受调查后一个月的安全考核分数作为预测效标。将这3 次的安全考核得分和建筑工人安全心理资本量表的综合得分进行皮尔逊相关系数的相关性检验，结果如表 3-12 所示。近 3 次的安全考核与建筑工人安全心理资本及其各维度之间的相关均有显著性，说明安全心理资本量表具有良好的同时效度和预测效度。

表 3-12　建筑工人安全考核与安全心理资本及其子维度之间相关性检测

指标	安全考核 1	安全考核 2	安全考核 3
警惕性	0.534 **	0.587 *	0.671 **
开放性	0.343 *	0.343 ***	0.552 *
宜人性	0.449 *	0.600 **	0.375 ***
韧性	0.338 **	0.701 *	0.534 *

续表

指标	安全考核1	安全考核2	安全考核3
安全信念	0.533*	0.484*	0.626**
安全自我效能感	0.567*	0.367*	0.687**
安全心理资本	0.618*	0714*	0.734*

注：*表示 $p<0.05$，**表示 $p<0.01$，***表示 $p<0.001$。

第四节　本章小结

第一，基于扎根理论的思想，用内容分析法经验建构了建筑工人安全心理资本的初始经验结构和反应类目。通过对建筑行业从业人员（包括企业安全部部长、安全员、项目经理、项目安全员、班组长和工人等）进行访谈，以及对某大学建筑工程相关专业的教师和建筑项目工人的开放式调查问卷调查，经过编码分析，确定了建筑工人心理资本及其各维度的内涵和定义，初步明确了安全心理资本的韧性、安全自我效能感、乐观、希望、警惕性、宜人性和开放性七个维度经验结构和初始指标体系。

第二，编制了建筑工人安全心理资本测量量表。首先，通过对量表的临界比率分析、信度分析和项目分析，筛选和简化了建筑工人安全心理资本条目。其次，通过探索性因子分析对建筑工人安全心理资本的因子结构进行了探索，其合并了经验结构中的"希望"维度和"乐观"维度，形成一个新的维度"安全信念"。最后，对量表进行了KMO检验、球形检验及探索性因子分析，得到了收敛效度与区分效度都较好的因子结构。最终，正式量表包含6个维度，32个测量题项，小样本测试显示其有较好的信效度。

第三，验证了建筑工人安全心理资本因子结构及效标关联效度。首先，运用验证性因子分析方法，构建和验证了建筑工人安全心理资本的一阶六因子模型，模型中观测变量的因素负荷量都介于 $0.647\sim0.819$，模型的基本适配指标理想；六个潜变量（警惕性、韧性、安全自我效能感、开放性、宜人性和安全信念）的组合信度值均大于临界值0.7，平均抽取方差均大于临界值 0.5，模型收敛效度良好；六个潜变量的平均方差提取量的平方根大于与其他潜变量之间的相关系数，表明其区别效度可以接受。其次，通过相关分析，以建筑工人安全考核得分为效标，证明了建筑工人安全心理资本及其各维度的效标关联效度良好，为后续建筑工人安全心理资本对其安全行为的影响机制研究奠定了基础。

第四章

基于安全心理资本的建筑工人
安全行为影响机理构建

　　基于前述研究，建构和验证了建筑工人安全心理资本的结构和指标体系，为研究其对建筑工人安全行为的影响机理提供了前提条件。本章就问题"建筑工人安全心理资本如何影响其安全行为？调节机制如何？"展开理论分析，探讨建筑工人安全心理资本对其安全行为的影响路径，基于工作要求—资源理论、资源保存理论、自我损耗理论、保护动机理论、计划行为理论和三元交互决定论构建其影响机理的概念模型，为后续的实证研究打好理论基础。

第一节　理论基础

一、工作要求—资源理论

　　基于工作倦怠模型、工作压力模型、工作要求—控制模型、工作特征理论及资源保存理论，Demerouti 等（2001）首次提出了工作要求—资源（Job Demands－Resources，JD－R），随后其团队的 Schaufeli 和 Bakker（2004）第一次对该模型进行了修正，形成了"双过程模型"的雏形，即动机激发过程和能量损耗过程。第二次改版由 Bakker 和 Demerouti（2007）进行，这个版本的 JD－R 模型是目前最为成熟、应用最广泛的模型，如

图 4-1 所示。Demerouti（2014）在该模型中加入了个人资源、工作重塑等因素，进一步拓展了模型，并在对 JD-R 模型总结和扩展的基础上，提出了 JD-R 理论。JD-R 理论和模型之间并没有明显的区分，两者共用一套术语和假设。随后，Bakker 和 Demerouti（2017）将 2014 版模型中的工作投入和耗竭更换成了涵盖更广的动机过程因素和损耗过程因素，还在模型中加入了自我消沉，从而增强了该模型的灵活性和包容性，如图 4-2 所示。

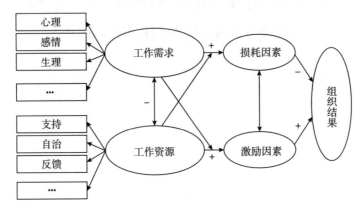

图 4-1 JD-R 模型

资料来源：Bakker 和 Demerouti（2017）。

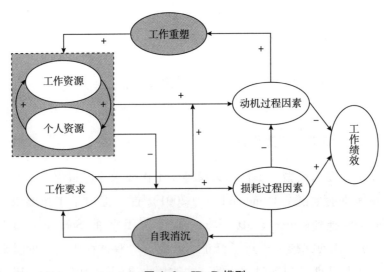

图 4-2 JD-R 模型

资料来源：Bakker 和 Demerouti（2017）。

JD-R 理论有几个基本假设：①该理论认为任何职业的工作特征都由工作要求和工作资源两类构成。其中，工作要求指的是在工作过程中对个体产生的生理方面、心理方面、社会方面及组织方面相关的要求，包括任务打断、工作负荷和角色模糊等，应对这些要求都需要个体为之付出持续的生理和（或）心理（即认知和情绪方面）的努力、技能，产生一定的身心成本。而工作资源则与工作要求相对，是工作过程中为个体所获得和感受到的生理方面、心理方面、社会方面及组织方面相关的资源，包括组织层面的薪水、职业机会等，人际关系层面的社会支持等，以及任务层面的自主性、绩效反馈等。这些工作资源都对工作目标的完成具有积极作用，并能够降低工作需求及由于工作要求引起的身心成本，进而激励个人成长和发展。②双过程假设：JD-R 理论认为工作要求和资源会分别引起两个不同的过程。其中，持续不断的工作要求以及设计不良的工作都会消耗员工的生理和心理资源，导致个体处于紧张或能量耗竭状态，引起健康问题等，从而发生健康损害过程或能量消耗过程；而工作资源则会激发出员工工作动机的潜能，使员工进入工作投入状态，降低其犬儒主义水平，进而获得良好的工作绩效和表现，以此形成动机过程。③工作要求的负面作用可以被工作资源所削弱和缓解。④当工作要求越高时，工作资源能发挥更为显著的动机激励作用。⑤个人资源在该理论框架中与工作资源所起到的作用相类似。该理论认为个人资源是个人对自我控制环境能力强弱的信心。⑥工作中的动机过程因素能正向影响工作结果，损耗过程因素负向影响工作结果。⑦工作重塑或增益螺旋是指在工作中主要受到动机过程因素激励的员工所形成的良性循环过程，他们会更加积极地改变工作要求，获取个人和工作资源，进而得到更加有效的激励。⑧自我消沉或衰减螺旋与⑦中的过程相对，是在员工主要受到损耗过程因素影响时所形成的恶性循环过程，他们会表现出自我消沉、得过且过等状态，进而在更高的工作要求水平下形成更大的工作压力。

相较于其他理论或模型，JD-R 理论具有全面性、灵活性、启发性和开放性等优点。比如，涉及工作中的消极因素和积极因素，并建立了双过程；此外，该模型不限于固定的工作要求、工作资源及过程因素，可根据研究领域、行业的不同而发生变化，也较容易与其他理论契合，提高了模型的适用性。因此，该理论已经得到了广泛的应用，但在行为安全管理领域，JD-R 理论的应用还较少，利用该理论对安全行为或不安全行为的探索还很缺乏（佟瑞鹏和杨校毅，2018）。此外，Bakker 和 Demerouti（2017）在对该理论的展望中也表明，JD-R 理论除一般工作结果，如工作绩效、工作满意度等的研究，应该深入特殊领域的工作结果进行研究，安全行为就是特定于安全领域的工作结果之一。此外，他们还表示自个人资源被纳入模型以来，针对个人资源在模型中作用研究还非常有限，需要进一步加强，工作要求对动机过程的作用（即上述假设④）还有待进一步验证和探索，也确有在高工作要求下，资源的动机激发过程反而受到抑制的情况出现（Bakker and Sanz-Vergel，2013）。由此可见，不同工作要求所产生的结果可能是不同的。这些都要求结合更多理论对该理论进行完善和扩展。因此，本章以该理论作为基础理论框架，并结合其他理论对建筑工人安全心理资本（个人资源）对其安全行为的影响机理进行研究。

二、资源保存理论

基于人类希望获取更多资源，避免更多损失的逻辑，美国心理学家 Hobfoll 在 1989 年提出了资源保存理论（Conservation of Resources Theory，COR），该理论表明资源是存在于个体与社会的交互过程中的，可以通过对个体自身的培养和学习获得，还可以通过与环境相协调和适应产生，环境既可以促进资源获取，也可以对其产生制约（Hobfoll，1989）。

COR 理论的基本假设是人们对自身认为珍贵的资源，总会积极维护和获取，当这些资源有可能损失或已经损失时，人们会感受到威胁。该理论将资源定义为"个体特征、条件、能量等让个体觉得有价值的东西或者是获得这些东西的方式"。资源不仅能够满足人们的需求，还有助于自我识别和社会定位的准确实现。COR 理论认为人们可以拥有和获得的资源包括四种：其一是物质性资源，此类资源与物质、经济、社会地位和水平等直接相关，可以决定人们实际的外在抗压能力，包括如汽车、住房等。其二是条件性资源，这种资源是个人或群体获取其他关键资源的条件，能够提高其对抗压力的潜在能力，包括朋友、婚姻、权力等。其三是自信、自尊等人格特质资源，特别指积极人格特质。这种资源决定了个人的内在抗压能力。其四则是时间、金钱、知识等能源性资源，这种资源是一种重要的资源类型，这种资源不仅自身是一种资源，还能帮助个人对以上三种资源进行获取。

COR 理论在资源的获取与保存方面包含几个基本原则：第一是损失优先原则，即个体对损失表现得更加敏感。因此，资源的损失和获取两相比较起来，资源的损失会对个人造成更大范围、更快及更为持久的影响。第二是资源投资原则，也就是说，个体可以通过对资源进行直接替换或者间接投入自身资源等方式来获取收益，从而避免资源贬值和损失，还能使自身从资源的损失中恢复过来，比如通过提高自身技能、知识等来提高就业能力减轻失业风险等。第三是增益悖论原则，当资源处于损失之中的时候，资源的收益巨大价值将得到进一步的体现，对个人来说也更加具有意义。第四是绝望原则，当个人所拥有的资源被消耗殆尽时，个人就会开启自我保护的防御模式，但是这种防御模式不一定是有益的，其可能是一些具有攻击性的非理性行为。因此，COR 理论认为当个体保有大量的资源时，其不仅不会轻易受到资源损失的威胁，并且更容易发生有益的资源投资行为，获取更多的资源，进而进入增益螺旋（Gain Spiral）之中。此螺旋为资源充足的个体所能发生的良性循环，因为他们的资源较为丰富和充裕，当资源可能损失时，他们不那么容易受到威胁，压力较小，而对于资源的投入也有相对更大的底气和能力，能做出有益的投资，进而形成资源带来更多资源的良性循环。相对地，缺乏资源的个人则更容易进入资源损失的恶性循环，进入损失螺旋（Loss Spiral）之中。因为他们的资源不够充裕和丰富，基于损失优先原则，个体会对资源的损失更加敏感，因此，当资源可能或者正在损失时，他们会感受到更大的压力，为了保护资源的流失而做出非理性投资，反而加速资源流失。两种螺旋虽然相对，但其产生速度和影响规模却不是一样的，增益螺旋的形成更为困难，其规模和速度都不如损失螺旋，所以对于个体而言，损失螺旋更易发生，特别是对那些缺乏资源的个体（Hobfoll，2011）。基于此，形成了资源保存理论 3 个相互关联的推论：一是资源保护的首要性。即个体对自身已有资源所表现出来的保护意识，会比对更多资源的获取意识更为强烈。当面临资源损失时，个体会为了减少损失，避免自己陷入损益螺旋，而倾向于首先采取行动保存个人资源。二是资源获取的次要性。虽然对自身资源的保护比获取其他资源更为重要，但是当个体拥有大量和丰富的资源时，其自身资源的损失风险会大大降低，同时能做出更有益的资源投资，为获取珍贵资源创造机会。因此，当不面临过大压力时，人们仍然会努力获取和积累资源。三是创造资源盈余：个体总会试图利用一切机会创造资源盈余，以抵御未来可能面临的资源损失。现实中，个体总是承担着多种角色，而资源对任何人来说都是稀缺且分布不均的。因此，人们会对自己所承担的所有角色进行认知评估，更愿意选择回报高、风险小的角色，把资源投入其中，增加相应的角色行为，而放弃那些回报低、风险大的角色，以增加自身资源存量，竭尽全力地避免进入损失螺旋，培养增益螺旋（Hobfoll et al.，2018）。

该理论从个人资源得失的新视角来解析压力下个体行为的形成，是压力研究的分支。最初主要用于压力研究，而后则被广泛用于倦怠，以及组织政治、绩效评价、组织承诺和满意度等具有挑战性的工作环境等领域的研究。而 COR 理论已经在积极心理学新型研究领域占据了重要地位，成为其基础理论之一，而心理资本理论所属的积极组织行为学是在积极心理学的基础上创立的，联系匪浅。此外，无论是建筑工人安全心理资本，还是安全本身，都属于工人的重要资源，该理论作为 JD-R 理论的基础理论之一，非常适用于在 JD-R 理论的框架下对安全心理资本对安全行为的影响机理的剖析。

三、自我损耗理论

Baumeister 等（2000）总结既往理论和研究，提出自我损耗理论（Ego Depletion Theory）。Baumeister 等（1998）指出，自我损耗是"自我在采取一些需要投入自我控制资源的行动后，个体进行自我控制的能力被耗竭，而引起的自我进行意志活动的能力或意愿暂时下降的现象"，是自我活动损耗心理能量或精力资源的过程。Hagger 等（2010）也对自我损耗进行了界定，认为自我损耗是"自我经历一些需要使用自我控制资源的活动之后，自我控制的能力被耗竭的状态"。遵循上述两种观点，当前的研究要么将自我损耗当作自我控制资源消耗的过程，要么将其界定为能量消耗后所形成的执行功能受损的能量耗竭状态。

自我损耗理论主要包括以下五个核心观点：一是自我控制资源对个体执行控制过程、主动选择、发起行为及克服反应等意志活动是不可或缺的；二是自我控制资源是有限的，因此，在一段时间内自我控制的次数也是有限的；三是所有的意志活动所使用的自我控制资源是同一种，当一个目标领域中意志行为消耗掉的资源，另一个目标领域中可用以实现意志行为的资源就会减少；四是自我控制或意志活动是否成功与自我控制资源的数量有关，资源越充足，越容易成功执行；五是自我控制或执行意志活动对资源的消耗过程是暂时的，需要在一段时间后，才能得到恢复。并且，个体对外界反应越积极就会消耗掉越多的精力资源（Schmeichel et al.，2003）。

由此可见，自我损耗理论与个体的自我控制相关的意志行为相关，因此，其被大量运用于心理学、教育学、组织行为学与人力资源管理等多个领域，用于解释个体的自我控制机制，即个体通过认知、情感和行为等策略，对有害反应进行自我抑制和有益反应倾向进行自我激发等控制和调节过程，最终导致相关意志活动成功或失败的过程（Hagger et al.，2010）。此外，自我损耗理论和工作压力的研究紧密相关，这是因为不断的工作压力源会持续消耗员工的自我控制的能力，造成持续的自我损耗状态，进而导致旷工、反生产行为、职场倦怠、人际冲突、不道德行为或绩效降低等消极工作结果（Prem et al.，2016）。

虽然，目前鲜有学者将自我损耗理论用于安全领域。显然安全行为是一种特定于安全目标的意志行为，特别是主动性、自我控制性安全行为的过程本就是一个自我损耗的过程，其需要个体产生自我控制的认知、动机和意愿，面对风险、管理和工作压力，需要工人对自身抄近路、图方便等不良反应进行自我抑制，而对风险排查、持续的安全关注等有益反应进行自我激发，而这些都需要消耗个体的自我控制资源。因此，笔者将自我损耗理论引入建筑工人安全心理资本对其安全行为的影响机理研究中。

四、其他相关理论

1. 保护动机理论

保护动机理论（Protection Motivation Theory，PMT）是行为改变的主要

理论，从动机因素角度探讨行为，认为行为的改变是可以由认知调节过程的威胁评估和应对评估两大过程进行解释（Rogers，1975），是对健康信念模型（Health Belief Model，HBM）的发展。保护动机则是指当个体在面临危险事故时，大脑意识中所做出的相关行为反应（Rogers 和 Prentice - Dunn，1997）。

保护动机理论框架主要包含信息源、认知中介过程和应对模式三个部分。其中，认知中介过程是该理论的核心部分，包括两个评估过程：威胁评估和应对评估。而威胁评估又包括感知威胁严重性和感知威胁可能性，应对评估主要涉及应对成本、反应效能和自我效能等方面（Rogers，1983）。个体是因为信息源（外界环境因素或个体因素等）而展开认知中介过程的，通过对信息源的评估和分析，最终落脚到应对模式，包括适应性应对模式（如改变不健康行为等）和适应不良应对模式（如继续维持不健康行为等）。该理论认为，保护动机是个体在威胁评估和应对评估两个方面的评估综合和共同作用下产生的，根据评估结果来看是否产生相应的行为动机和意向，最终促使行为的发生或改变。

然而，Rogers 将他的 PM 模型概念化为一个平行的或无序的评价过程序列，并且他认为虽然恐惧等情绪可能会出现在该过程中，但其在评价过程中的作用并不重要。然而，Tanner 等（1991）却认为：首先，保护动机模型应该是一个有序的过程，因为评估信息的处理过程和评估结果（如行为等）之间尽管不一定在时间上是连续的，但是是有先后顺序的，并且根据 Lazarus（1968）认知评价理论的初级（威胁）评价模型和次级（应对）评价模型，认为某些评估的确认（如威胁评估）必须先于其他评估的确认（如应对评估），因为当威胁信息变得显著时，将增加寻找应对行为的重要性。其次，情绪是通往应对评估过程中的媒介。因为，认知评价理论认为，情绪反应可以提供反馈，也可以作为其他心理过程的刺激。这意味着即使情绪可能不直接影响行为，但其会影响信息加工和处理过程，进而影响行为意向。因此，Tanner 构建了一个有序保护动机模型（Ordered Protection Motivation Model，OPMM），如图 4-3 所示。

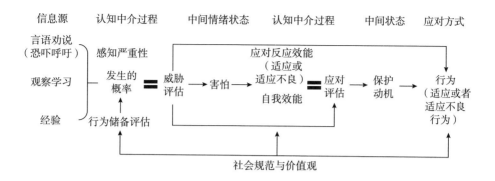

图 4-3 有序保护动机模型

目前，保护动机理论多应用于健康生命管理领域，用以解释安全行为的研究较少。但该理论为所有的行为学科的研究提供了严谨的学术性的体系框架支撑（Maddux and Rogers，1983），近年来其研究领域也不断扩大，如信息隐私保护行为、环境保护行为等。加之威胁评估及个人所产生的不安等情绪反应被认为确实与安全行为密切相关，以保护动机理论的角度解释，安全行为事实上就是工人所进行的自我保护行为，属于一种工作中产生的适应性行为，而不安全行为则是一种适应不良行为。因此，本章将保护动机理论用以解释风险感知在建筑工人安全心理资本对其安全行为影响机理中所起到的作用，同时扩展保护动机理论的应用范围，使其更具有实用性和说服力。

2. 计划行为理论

计划行为理论（Theory of Planned Behavior，TPB）是由 Ajzen（1985）在理性行为理论（Theory of Reasoned Action，TRA）的基础上提出的，是社会心理学和组织行为学中解释人类决策过程的理论。

在多属性态度理论的基础上，Fishbein 和 Ajzen（1975）进一步发展和完善所提出的理性行为理论。该理论指出，个体行为态度和主观规范对个体意图有一定影响，其中行为态度是指个体在已有条件下对执行某行为所具有的积极或消极的判断，当态度越积极时，其执行该行为的行为意愿也就会越高；主观规范是指个体在执行某行为决策时，所感受到外在情境（如具有影响力的个人或集体、制度等）对其施加的压力大小，当个体所感受到的外界压力越大，主观规范越强时，其行为意愿将越强，而行为意愿对个体行为具有直接决定性影响。因为个体在实际行为发生前，会评估和预测未来可能产生的行为结果，而个人会倾向于选择那些既利于自身又符合他人期望和要求的方式实施行动。因此，行为意向能够直接解释和预测个体行为。也就是说，主观规范和个人态度不是个人行为的直接影响因素，而是通过行为意愿对实际行为产生影响的。

然而，随着研究的深入，Ajzen（1985）发现理性行为理论存在一定的局限性，仅适用于对预测行为完全受意志控制的情境，或处个人不需要考虑对行为控制的问题。因此，Ajzen用知觉行为控制变量描述其对外部资源环境和自身能力的控制程度，并将这一变量引入理性行为理论中，提出了计划行为理论，从而扩大了TPB的适用范围和解释力，使其能够解释不（完全）受意志控制的行为或更加复杂的行为。与TRA一样，TPB仍然将行为意愿当作是实际行为的直接决定因素，而行为意愿则受到行为态度、主观规范和知觉行为控制的共同影响，即当个体对特定行为的态度越积极、所感受到主观规范越强，而自身对行为的控制感越强时，个体将会具有的行为意愿越强。计划行为理论模型如图4-4所示。

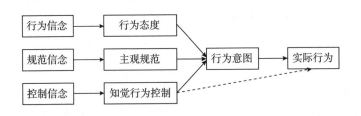

图4-4 计划行为理论模型

计划行为理论自提出至今，其在各领域中对行为的解释力和预测力方面得到了大量的证实，在对生产安全行为的解释方面也得到了相应的关注。建筑工人安全心理资本与工人积极的行为态度及高行为控制感密切相关，而工人在建筑工地所受到的安全管理、所遵循的规章制度无疑对其主观规范产生影响。因此，本章以计划行为理论作为理论基础，解释安全管理氛围在安全心理资本对安全行为的影响机理中所起的作用。

3. 三元交互决定论

三元交互决定论（Reciprocal Determinism）是美国心理学家 Bandura 的社会认知理论中的一个理论观点，其是在吸收了行为主义、人本主义和认知心理学等相关内容的优点，并对这些内容的不足进行批判的基础上所提出来的。三元交互决定论是社会认知理论最重要的理论基础之一，认为人的行为、行为人内部因素和行为人所处的环境三种因素不是孤立存在的，而是存在一定的关系（班杜拉，2015）。三者之间既相互独立，又交互作用，且这种作用是连续不断、动态交互的（Bandura，2001），是一种相互决定的复杂关系，如图 4-5 所示。其中，行为人的内部因素主要是指个体的认知、情感、信念、期望和态度等心理机能。

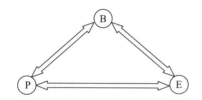

图 4-5　三元交互决定论中三要素的关系

具体来说，首先，P↔B 代表了行为人认知、动机、情感等内在因素与个体的行为之间的相互作用与决定关系。人的信念、动机等主体因素驱动个体行为的产生，对行为起着强有力的引导作用甚至支配作用，反过来，行为结果又决定着个体的情绪反应、认知内容、方式等。其次，E↔B 代表了个体的行为与环境因素之间的相互作用与决定关系。外部环境对主体的行为起着制约、控制和塑造的作用，决定个体行为的模式和强度，与此同时，行为作为连接人与环境的链接，是行为主体改变和塑造环境，使之适应自身需要的手段。最后，P↔E 代表了行为人的环境因素与其认知、动机、情感、生理等内在因素之间的相互作用与决定关系。环境会对个体的认知、情感等主体因素产生影响，反过来，行为主体也能够通过自身性格、社会角色等主体特征引起甚至激活不同的外部环境反应。在社会情境中，这种交互作用是尤为明显的，这一理论的提出弥补了传统行为理论个人决定论或环境决定论的单一决定论模型的不足，认为行为是行为主体在外部环境和心理活动过程共同作用下所付出的实际行动。

但是，在三元交互决定系统中，人的行为、行为人内部因素和行为人所处的环境三者的影响力并不是相同的，它们的作用模式也不是恒定不变的，可能会根据具体的情境、个体及活动，表现出不同的形式。在某些情境中，行为主体的内在因素可能在此三元交互体系中起决定性作用；而在另一些情境中，主体所处的环境因素或者主体的行为可能又起到主导作用。对建筑工人来说，工作压力源是其不可忽视的一项重要外部环境，在其安全心理资本对安全行为的影响过程中必然发挥一定的作用。因此，本章采用三元交互决定论对工作压力源在建筑工人安全心理资本对其安全行为的影响机理中的作用加以解释。

第二节　概念模型构建

在行为安全的研究中，诱发不安全行为或促使安全行为的因素已经形成了丰富的研究成果，主要可以分为个体特质因素和环境因素两类（Beus et al.，2015）。

在个体特质因素方面，从事一线生产的建筑工人多为农民工，物质经济、文化教育水平普遍不高，体力较好，因此通常通过超负荷工作以期尽可能多地获取劳动报酬。然而，他们很少意识到自身的心理需求，更不注重自身心理资源的积累，以及心理素质和能力的培养。而长期的心理资源缺失和超负荷工作，会导致其产生被工作压迫的感觉，从而在工作中缺乏耐心，偏向持有负面的情感、抵触的情绪并且无法自我调节。为了缓解压迫感而进行故意违规、冒险行为等进行消极的自我释放，从而影响安全行为。工人更加需要重视自身心理需求，对心理资源进行积累，以维持自身积极、稳定的情绪和态度。而安全心理资本作为一种资本化形式的、特定于安全的个人资源，正是一种工人的类状态个体特质因素，其类状态特征使其能够被开发和培养，这将有利于改善工人的安全现状。

在环境因素方面，建筑工人在工作过程中会面临三种较为重要的环境。首先，建筑工人所处的工作环境复杂，充满不确定性和风险。然而，建筑工人因为长期处于建筑工地这样的危险环境之中，对很多安全风险和威胁都已经习以为常，不能正确地评价和意识到危险发生的严重后果，知危险而不畏惧是常态。再加上建筑工地面积大、掩体多，不便于安全的监督和管理，这进一步降低了建筑工人的安全表现，使其在很多时候铤而走险。其次，建筑工人面临相对严格的安全管理。因为建筑项目的危险性，加之建筑业居高不下的事故数据，建筑业被公认为世界上最危险的行业之一（Fang and Wu，2013），所以，国家和政府大力倡导建筑业安全管理的重要性，这使各个施工企业及其项目在安全管理、安全文化建设上都做出了很大努力，以期通过更丰富、更严格和更积极的安全管理实践，来引导、感染和约束工人的安全行为。最后，建筑行业属于生产经营部门，其生产任务重、时间紧，加之建筑项目的临时性，导致工作设计不尽合理，组织架构也不稳定，因此造成了很多任务性和非任务性的工作压力源，在一定程度上对工人的安全行为造成了影响。

根据 JD-R 理论，对于资源和工作要求的定义，安全行为的影响因素主要可以分为工作要求和资源两类。工作要求指的是在工作过程中对个体产生的生理、心理、社会及组织方面相关的要求，应对这些要求都需要个体为之付出持续的生理和（或）心理（即认知和情绪方面）的努力、技能，与一定的个体身心成本相关。而工作资源则与工作要求相对，是工作过程中为个体所获得和感受到的生理、心理、社会及组织方面相关的资源，促进工作目标实现，减轻工作需求及其引起的身心成本，于个人成长和发展有益。同时，个人资源能与工作资源起到相似的作用。因此，基于 JD-R 理论，本书将以上因素进行进一步归类：安全心理资本归类为个人资源，采用安全心理资本量表进行量化，因为安全心理资本是工人安全心理资源的资本化形式，其能起到促进安全目标和安全行为的实现的重要作用；风险因素、安全管理因素和工作压力因素都归类为工作要求，因为对风险的认知和应对、对安全管理的响应和服从、对工作压力源的克服和适应，都会对工人产生持续的身心消耗。其中，风险因素采用风险感知量表进行量化，因为风险作为外部刺激源，若工人自身不能正确识别到风险，并对其发生的可能性、严重性等做出判断，那么风险的存在并不能形成工作要求。安全管理因素采用安全管理氛围量表进行量化，安全管理之所以起作用或使工人对其做出反应，成为工人所面临的工作要求，是因为工人对相应的安全管理产生了认知和见解，并愿意遵循安全管理所提出的期望和目标去消耗自身生理能量、心理能量努力安全地工作，而安全管理氛围就是工人对安全管理实践和行为的认知和见解。工作压力因素采用工作压力源量表进行量化。没有直接测量工人的压力水平主要是因为根据自我损耗理论，工作压力源无论是否使工人产生压力，它的存在都会使工人在与安全不同的目标意志活动上消耗资源，这就可能对安全行为产生影响。

工作要求和工作资源同时存在、相互影响、共同决定行为的发生，不能简单地、孤立地看待，应整合多方面的因素，在综合性更强的模型中加以研究（Hofmann et al.，2017）。因此，安全心理资本对安全行为的影响不是孤立存在的，还会受到工作要求的影响。基于本章第一节中理论基础的论述可知，JD-R理论全面考虑建筑工人安全行为的不利因素（工作要求）和有利因素（资源）及其共同作用机制，有机整合心理资本理论、COR理论、JD-R理论、自我损耗理论及本书所涉及的其他相关理论，为本书提供了基础理论框架。目前，JD-R理论对个人资源的定义较为狭窄，主要是指个人对环境控制能力的信心，COR理论为将心理资本理论所涉及的符合POB标准的综合的心理资源，以及自我损耗理论所指的自我控制资源等个人内部资源整合进JD-R理论框架中加以探讨提供了可能，进而丰富JD-R理论关于个人资源的探讨。因为COR理论所涉及的个人资源是能够帮助个体实现目标的任何物质、条件、特质和能源，基本包含了个人所能拥有的所有外部资源及内部资源。而自我损耗理论则为细化不同目标（工作相关和安全相关）的工作要求在JD-R动机过程中的作用提供了理论支撑，以推导不同工作要求对资源的动机过程可能产生的不同作用。根据该理论，建筑工人进行安全行为，特别是进行主动性、自我控制性安全行为的过程本就是一个自我损耗的过程，这需要工人拥有大量资源。其次，工作要求只有能为安全相关的意志活动服务，才可能加强资源的利用，促进动机过程。而风险感知是保护动机理论中的重要因素，安全管理氛围与计划行为理论中的主观规范有所联系，以及工作压力源可以被视为三元交互决定论中的外部环境因素进行探索，因此这三种理论又为三种不同的工作要求具体如何对动机过程产生激励或是抑制作用提供了理论基础。

综上所述，本章基于 JD-R 理论，结合资源保存理论、自我损耗理论、保护动机理论、计划行为理论和三元交互决定论，探索建筑工人安全心理资本对其安全行为影响的中介及调节机制，构建建筑工人安全心理资本影响安全行为的影响机理模型。

一、安全心理资本对安全行为的直接作用

心理资本理论将心理资本定义为个体积极性的核心心理要素，具体表现为符合积极组织行为标准的心理状态，其作用甚至超过了人力资本和社会资本，并能够通过有针对性的投资和开发而使个体获得竞争优势（Luthans et al.，2005），与积极的工作绩效和其他积极结果相关（Luthans et al.，2007b）。作为个体重要心理状况的反映，心理资本被界定为"核心自我评价"，Goldsmith（1997）发现该核心自我评价会直接影响个体的后续行为，并最终影响个体的工作效率。Luthans 和 Youssef-Morgan（2017）指出，当个体的心理资本水平越高时，其越能从容和有效地面对难题和逆境，进而取得成功。心理资本领域的研究表明，心理资本不仅对员工的角色内行为、组织公民行为等积极行为有显著的促进作用，还能有效控制和修正员工的异常和消极行为，如缺勤行为、偏差行为等（Newman et al.，2014）。心理资本的功能理论表明，心理资本对工作投入、组织公民行为等个体行为与绩效产生积极作用，而安全心理资本是工人自身的特定于安全的积极心理状态和素质。安全行为是工人行为的一种，是特定于安全的积极工作行为，故而会受到工人安全心理资本的影响。

JD-R 理论认为个人资源与工作资源的作用一样，能够通过激发个人工作潜能和动机，削弱工作要求带来的负向影响，从而带来高工作投入、低水平犬儒主义和优秀的工作表现（Bakker and Demerouti，2007）。工人安全心理资本作为一种资本化形式的、特定于安全的个人资源，将有助于激发工人与安全工作相关的潜能，更好地满足自身的心理需求，形成更积极的安全态度，以及实现更多的安全行为，获得更高的安全工作表现。此外，根据资源保存理论对资源的定义，安全是一种条件性资源（Hobfoll，1989），特别是在建筑施工现场危险、复杂的环境中，只有当工人能够保证自身安全的情况下，才能去获取更多其他的关键资源，如以劳动换取报酬、

建立社会关系、获取更多的物质资源等，形成资源的增益螺旋。若工人失去安全，可能将失去与家人、朋友等继续维持关系的机会，也可能将面临无法工作而失去赚取金钱等的困境，损失更多的资源，从而陷入资源的损失螺旋。而安全行为是工人获取和保护安全资源的实现途径。如果建筑工人具有充足的安全心理资本，其警惕性更高，目光更加长远，对安全规章制度和相关要求也更加敏感，为了避免自身受到安全威胁，会更加重视对自身和现场安全的保护，从而做出更多的安全遵守行为，进而对安全资源进行保存；同时，会对安全持有更加积极的态度，对安全工作充满希望和信心，相信自己能够应对高危工作，达到安全的高层次要求，能为项目安全改善做出贡献，因此会更加积极地参与到更多的强制性的安全工作，甚至是非强制性的安全工作中，如积极参加安全会议、提出安全建议等，为自己获得和争取更多的安全资源，改善安全条件。计划行为理论同样可以佐证这一逻辑，计划行为理论认为，当个人拥有较多资源，遇到较少阻碍时，其知觉行为控制水平较高，而知觉行为控制水平可以直接影响个人行为的实践（Ajzen，1985）。拥有较高安全心理资本的个体，往往拥有更为丰富的安全资源，具备解决安全问题的能力和毅力，能够寻找到更多摆脱困境的途径，更能够与人为善，提出可靠、可信的安全建议等，积极融入安全氛围。对他们来说，在实现安全目标的过程中，遇到的困难相对较少，从而对自身实现安全行为的控制感更强。因此，安全心理资本有助于工人安全行为的践行。从而，建筑工人安全心理资本会有效促进工人的安全遵守与安全参与，进而提高安全绩效。

二、自我决定型安全动机作为中介变量引入

虽然人的行为会受到其心理因素的决定和支配，然而心理因素与行为之间的关系却是内隐且复杂的。因此，如果只探讨两者之间的直接关系会太过简单，且无法了解两者关系发生过程的黑箱。实际上，几乎所有自变量对因变量的影响都是有其他变量参与的，自变量不仅直接作用于因变量，还可以通过其他变量对因变量发生间接影响。因此，Baron 和 Kenny（1986）提出中介变量的概念，用来解释自变量对因变量的影响作用过程。

　　JD-R 理论认为，资源不仅对工作要求、离职倾向等消极因素及工作结果有缓冲和削弱作用，其本身还具有重要价值，是实现或保护其他有价值资源的手段，其对积极工作结果的促进是通过对动机潜力的激发而实现的（Bakker et al.，2005）。然而，以往心理资本在员工行为动机过程的研究中，对动机的测量主要是工作投入而不是动机。本书认为，工作投入是一种与工作相关的、积极的、完美的情感与动机状态，包括活力、奉献和专注等方面的内容是动机过程所产生的结果状态（李乃文和赵钰，2020），而动机是更为直接的因素。因此，本书用安全动机来表达安全行为这一安全结果的动机激发过程因素。动机可以被视为一种源于个体的内生驱力，这种内生驱力会促使个体采取行动。

　　研究者对于安全动机的定义有很多。Neal 和 Griffin（2002）认为安全动机是员工以安全的方式执行工作的意愿，并表现出安全行为的动力。组织行为学将安全动机定义为个人想努力执行的安全行为，以及与这些行为有关的强度、方向和持续性。而自我决定理论是一种新型动机理论，该理论不仅重视动机的数量，还提出了动机的类型，也就是说影响人类行为不仅有某个情境中动机的大小和强度，还有动机的性质及种类，主要关注自主动机、受控动机和无动机对个人绩效、行为等的影响。几类动机不是完全割裂和对立的，而是连续的、可以在一定条件的影响下相互转化的（Deci and Ryan，2008）。自我决定论认为自主、能力和关系这三个基本心理需求会影响动机的类型和强度，即当满足这三大心理需求的时候，动机的强度会增加，并且还会引起受控动机向自主动机的转化。Fleming（2012）将自我决定动机引入安全领域，构建了自我决定型安全动机的理论框架。自我决定型安全动机除了是个人执行安全行为意愿和动力的强度，还包括个人想要执行安全行为的原因，分为自主动机和受控动机两类，自主动机可以定义为个人为自己的意愿和自由选择参与安全行为的动机，包含对安全行为的兴趣、满足、价值观认同等方面的内容；而受控动机则可以定义为受内部和外部因素所影响、约束和控制而采取和参与安全行为的动机，包含内隐安全意识引起的内疚、惭愧，以及对外部安全措施的响应等方面的内容。

　　基于 JD-R 理论，资源发挥作用的途径有两种：一是削弱工作要求的负面影响。二是通过激发个人的动机水平，安全心理资本作为工人的自有资源具有内在激励作用，因为它们有助于满足员工的内部安全需求；它们也可以对工人进行外部激励，因为它们有助于实现外部安全目标、需求，由此激发工人的安全动机，进而提高其安全行为水平（Bakker and Demerouti，2007）。另外，保护动机理论也认为，个人对自身的效能评估越高，越具有采取保护行为的意向；同时，根据计划行为理论，除个人行为态度和主观规范外，知觉行为控制是影响个人行为的重要因素，其不仅能作用于行为意向，还能直接决定个人行为。而安全心理资本对于个人效能评估和知觉行为控制都有积极的影响。而安全动机在上述的理论框架中是安全行为的直接影响因素，安全行为意向和安全动机的提高，有助于安全行为的实施。事实上，一直以来，安全动机都被众多学者作为安全行为的直接原因加以研究，认为其对安全行为起着决定作用。Neal 和 Griffin（2004）指出安全绩效是有前因变量的，不是无缘无故出现的，安全动机是其重要的原因之一。Campbell 等（1993）认为只有三个决定个体行为的因素，即知识、技能和动机，而其他前因变量会通过安全知识、能力和动机三个关键因素来影响个人安全行为。计划行为理论也认为，行为动机和意愿是实现某种行为的重要直接因素。Jiang 和 Tetrick（2016）探索了自我决定型安全动机对员工安全行为的直接作用。近年来，研究者对安全动机的研究逐渐深入，证明安全动机在安全行为与工作资源、领导风格、安全氛围等安全行为的前导因素的关系中发挥着重要作用，形成了远端因素—安全动机—安全行为的关系链条。自我决定论是 JD-R 理论动机激发过程的底层逻辑理论之一（Bakker and Demerouti，2007），并且影响工人安全行为的不仅是动机的水平，还有动机的种类，因此本书选择将自我决定型安全动机引入安全心理资本对安全行为的影响过程中，将其作为中介变量进行考量，分析建筑工人安全心理资本对其安全行为的影响机理。

三、三种工作要求作为调节变量引入

JD-R 理论认为，资源对动机有适度的促进作用，只有在高工作要求（工作负荷、情绪要求、工作压力等）之下，资源才能得到更好的利用，激发资源的潜力，从而加强对积极工作结果的影响（Bakker and Demerouti，

2007）。因为，高要求与高资源相结合的工作被称为主动工作（Karasek，1979），在这种情况下，所有类型的资源获得了它们的激励潜力，并在需要时变得特别有用（Hobfoll，2001）。Hakanen 等（2006）在对芬兰公共部门工作的牙医的调查中发现，在高工作要求（如工作量大等）的情况下，工作资源（如所需专业技能的可变性、同伴联系）对保持工作投入最有利。Bakker 等（2007）也有类似的发现，在他们对芬兰小学、中学和职业学校教师进行的研究中证明，当教师面临较高的工作要求（纠正大量学生不当行为）时，工作资源尤其会促进工作投入。Xanthopoulou 等（2013）通过对服务工作人员的调查指出，自我效能感和工作投入呈正相关，特别是在情绪需求和情绪失调较高的情况下。Madrid 等（2018）也证实，尤其是在高工作要求下，心理资本各维度对熟练性、适应性和主动性行为都具有显著的正向影响。然而，也有研究者指出，工作要求不一定都能与资源形成合力，对动机激发过程进行加强。Bakker 和 Sanz-Vergel（2013）指出，在工作负荷的作用下，护士心理资本对工作投入的正向影响反而有所减弱，而情绪要求则对护士心理资本和职业繁荣的关系没有调节作用。Sonnentag 等（2012）也表明，当工作压力源水平较高时，个体的积极状态与敬业度的关系被削弱了。

由此可见，即使同样的工作要求，对不同职业的员工、不同类型的积极工作结果来说所起到的作用也可能是不同的。同时，对于同一职业的员工，不同类型的工作要求所起到的作用也是不同的。显然，JD-R 理论并不能解释所有类型的工作要求对资源动机激发过程的影响作用，并且自个人资源加入模型以来，有关个人资源的相关探索还十分有限（Bakker and Demerouti，2017）。而工作要求对资源（特别是个人资源）的动机激发过程的影响到底如何，也有待进一步探索（Bakker and Sanz-Vergel，2013）。但可以确定的是，工作要求对资源的动机激发过程确实能产生一定的影响。因此，本书结合自我损耗理论、保护动机理论、计划行为理论和三元交互决定论，对上述三种建筑工人工作过程中所会面临的不同工作要求对安全心理资本的动机激发过程的调节作用进行探索和分析。

1. 风险感知作为调节变量引入

风险感知是人们对特定风险的主观判断，一般是个体对可能经历危险影响的可能性和严重程度的主观认知。由于风险感知是主观的，取决于一组价值观、关注点或知识，当工人感知风险时，他们可能会采用不同的方法来判断风险（Rodríguez-Garzón et al.，2015），一般包括认知型风险感知，即通过分析、思考、口头表述和理性地理解现实的方法（Xia et al.，2017），对风险发生的可能性和严重性进行认知判断，以及情感型风险感知，即在对风险进行认知的过程中通过直觉和情绪来感知，对风险产生不安、害怕等情绪反应。而对风险的识别、评估、情绪反应，以及因此而展开的风险应对过程都是需要持续的精力消耗的。因此，可以将风险感知看作是工人身处复杂、危险的工作环境中，感知到工作环境中危险、威胁的存在，为了保护自身安全不受危害，进而利用自身资源、能力而采取自我保护行动，采取各种安全措施以规避风险时所产生的自我保护的工作要求。

基于自我损耗理论，当个体对外界做出反应时，会消耗个体有限的精力资源（Baumeister et al.，1998）。作业环境中的风险作为外界压力和刺激源，当工人感知到它的时候，就会消耗精力和心理资源去规避、克服及处理掉相关的风险，以满足自身安全需求。由此，风险感知可能为工人带来一定的压力，使工人对风险及其所产生的严重后果产生害怕、不安等情绪，对工人自身心理资源进行消耗。越高的风险感知意味着工人会感受到越大的安全挑战，而克服越大的安全挑战，也意味着会得到更多的潜在利益，如在安全工作方面积累了更丰富的实战经验，收获了面对风险的稳定和积极心态，通过对风险的排查使自身处于相对安全的作业环境，得到更高的安全保障等。虽然规避这些风险需要消耗自身的心理资源，但是对风险规避的目标与工作安全的目标正好一致，这就促进了个人将有限的心理资源最大限度地投入安全工作当中，产生更强的风险规避意愿（Pearsall et al.，2009）。

此外，基于保护动机理论，风险感知可以被看作是该理论中的威胁评价过程，该过程既包含了对威胁的认知评估，也包含了对威胁的情感反应状态（Tanner et al.，1991）。风险感知是对个人采取保护行为意愿，进而采取保护行为产生积极影响的重要因素。因为，该理论认为，个人是否具有采取保护行为的意愿，是由威胁评估和应对评估两个评估过程决定的（Rogers，1983）。因此，当工人更加清楚地判断出风险较为严重和具有较大发生的可能性，同时认为自身具有应对和避免危险的能力时，其采取保护行为的意愿更强，实现的自我保护行为也越多。另外，根据保护动机理论可以推测，风险感知之所以会为工人带来压力，使其产生适应不良行为，主要是因为风险感知所产生的自我保护期望与应对效能不匹配；而具有高应对评估的个体之所以未产生保护动机，实现保护行为的原因，则是因为对风险的认识不到位，认为自己并未受到威胁，从而没有采取保护行为的意愿。而具有安全心理资本的建筑工人具有解决工作中所遇到的安全问题更有信心、意志及途径，其应对评估更高，当具有高安全心理资本的工人具有高风险感知时，为了避免风险的发生及风险带来的严重后果，就会更加认识到安全行为的重要性，会激发起更高水平的自我安全保护动机，主动实现自我保护行为和风险规避行为。此外，通过对外部风险的克服和成功应对，工人的安全心理资本也得到了相应的开发和积累，这将进一步促进安全心理资本对安全动机的积极影响。因此，建筑工人风险感知可能在其安全心理资本影响其安全行为的动机过程中具有一定的调节作用。

2. 安全管理氛围作为调节变量引入

安全管理氛围是从组织层面对安全氛围进行的描述（高伟明，2016），属安全氛围的范畴。而安全氛围是组织安全文化的即时表现和反映，是既定的工作单元内员工对安全管理政策和安全程序的感知、认知和见解（Zohar，1980），为工作单元的员工行为指明了方向和目标，是塑造和影响员工安全行为的重要因素（Neal and Griffin，2006）。虽然，专门讨论安全管理氛围的文献较少，但在讨论安全氛围的文献中，大多涉及管理者的管理行为和实践，因此可以将安全管理氛围看作是安全氛围中组织和组织管理层安全管理实践和行为相关方面的内容，对整个组织及组织内人员都具有塑造和影响作用。安全管理氛围是工人对组织在安全管理过程中所提出的共同安全目标、要求、期望和所提供的安全规章制度、安全程序、安全沟通、活动、培训等内容的认知和见解（Vinodkumar and Bhasi，2010）。而要实现安全目标，满足安全期望和要求，就会对工人造成生理或心理的消耗。因此，可以认为安全管理氛围是工人在项目组织安全管理过程中，为满足安全要求和期望、实现安全目标，做出克服和规范自身不安全行为动机和习惯以符合集体共享安全价值观等努力，从而产生的工作要求。

安全管理氛围作为工人所感知到的项目对自身安全行为所提出的要求和期望，可以看作组织对工人所提出的在安全工作上的挑战。当组织管理层对安全越重视，安全管理氛围水平越高时，其安全目标会越高，安全规章制度、程序等也将越健全和复杂，要求也会越严格，对工人在工作安全所提出的挑战性也就越大。根据自我损耗理论，当工人所面临的安全工作要求和挑战越高时，其安全心理资本将被越多地应用到实现安全作业的过程中。因为，该理论认为，当工人面临较高的工作挑战时，会做出更为积极的反应，而积极的反应比消极的反应会消耗更多精力和资源到相应的工作中（Schmeichel et al.，2003）。安全氛围水平较高，意味着管理层对安全越重视，安全规章制度和程序的制定也越具合理性和适用性。一方面，工人认为只要自己遵守组织中的规章制度，就能保证工作安全，对认真执行安全行为产生积极的态度；另一方面，工人在这样的管理氛围中，会获得更多的关于安全工作的反馈，如完成安全目标可以避免违规行为的处罚，或者获得了实际的奖励，积极参加非强制性安全活动等会得到领导赞扬、认可，以及在活动过程中与工友建立更亲密的关系，或是提出的安全建议得到采纳，切实修正现有制度中的不合理之处等，以帮助自身实现自我价值感，也会让工人对安全管理产生积极的反应。积极的反应使工人投入更多的精力和资源到安全工作当中，以克服更高的安全挑战，实现更高的安全目标等，因此要促进安全心理资本在安全行为动机激发过程中得到最大限度的利用，产生更强烈的安全动机。

此外，计划行为理论也认为，个体行为意愿或者动机，会受到个人行为态度、主观规范和知觉行为控制的共同影响。而安全心理资本较高的工人，对安全行为的态度会更加积极，对自身安全行为的控制感知也会更高，这时主观规范的作用就更有意义。计划行为理论将主观规范定义为个人对于是否采取某项特定行为所感受到的社会规范所带来的压力、约束和促进等。主观规范受到规范信念的影响，即那些对个人有重要影响的人和集体的期望。安全管理氛围是建筑项目组织及其管理者对工人认真贯彻安全规章制度、执行安全行为的重要规范信念，会促进工人安全主观规范的形成。因为当安全管理氛围强度较大且较为积极时，工人会因为项目管理层、班组长和工友对安全的重视，受到他人和集体的影响，从而更积极地回馈他人和集体的安全期望，积极达成安全目标，通过遵守安全程序、参与安全活动等融入和适应积极的安全氛围。同时，心理资本本身也会受到特定环境氛围的影响（Newman et al.，2018）。在积极的安全管理氛围作用下，工人通过对安全目标的追求，对安全要求和期望的达成，其安全心理资本也将进一步得到塑造、锻炼和提升（Siami et al.，2020），形成更高水平的安全心理资本，进而促进更高水平的安全动机。由此可见，当项目具有积极的安全管理氛围时，具有较高安全心理资本的工人将具有更高的安全行为动机，因此建筑项目安全管理氛围可能在其安全心理资本影响安全行为的动机过程中具有一定的调节作用。

3. 工作压力源作为调节变量引入

工作压力源被界定为需要个体予以反应的工作环境事件（Sonnentag and Frese，2003），包括挑战性压力源和阻碍性压力源两大类（Cavanaugh et al.，2000）。挑战性压力源被认为是对员工个人的职业成长有积极作用的压力源，一般与工作内容本身相关，包括高强度责任感、工作复杂度、工作负荷和时间压力等。而阻碍性压力源是不利于个人职业成长的压力源，一般与不合理的工作设计有关，具体包括角色模糊、角色冲突、职场政治和工作不安全感等。而无论是挑战性压力源还是阻碍性压力源，都需要持续的生理和（或）心理（认知和情绪）的努力或技能来应对和克服；另外，工作压力源所包含的工作负荷、时间压力、角色冲突、角色模糊等，一直以来也被当作工作要求被研究。工作压力源过大会导致工作目标和安全目标的冲突，因为工作负荷过重、时间压力过大，或者工作设计上不够合理而造成的角色模糊、角色冲突等，都会加大完成工作目标的难度，从而导致集体和个人有限的资源无法同时兼顾生产和安全目标，造成新的压力。因此，可以认为工作压力源是工人在完成工作目标过程中应对过高挑战或障碍时所产生的工作要求。

虽然 JD-R 理论认为，在越苛刻的环境下，资源的激励作用越大。然而，根据自我损耗理论，这必须是在压力源与既定目标相统一的基础上才能实现的。而建筑项目组织在实际生产过程中，安全目标和工作目标并不统一，甚至相互冲突（Flin et al.，2000）。这就导致了工作压力源的存在必然不会为安全目标的实现提供助力。基于自我损耗理论，当个体对外界做出反应时，会消耗个体的精力资源，而精力资源是有限的，并且实现不同的目标活动、从事不同行为所使用的都是同一种心理资源（Muraven and Baumeister，2000）。相对于安全目标的实现，对于工人来说，克服高工作压力源完成工作目标或许更有实际和短期的价值，比如赶工期可以在有限的时间里做更多的事，得到更及时的回报。因此，工人会对克服工作压力源产生更加积极的反应，而积极的反应会比消极的反应消耗更多的心理资源，会产生更强烈的克服该压力源的行为意愿和动机（Schmeichel et al.，2003）。同时，不断的工作压力会持续消耗员工进行自我控制的资源，降低其安全心理资本水平，进而降低其自我控制的能力，导致损耗状态，即对自身行为的弱控制状态（Prem et al.，2016），从而削弱了安全动机向安全行为转化的可能。此外，工作压力源作为紧张和压力产生的外部刺激源，过高的压力源水平必然导致较高的紧张感和工作压力。根据 Hockey（1997）的努力调节的补偿控制模型，当工人感受到压力时，要么会采取绩效减少策略，降低各方面的动机，只维持原有的努力水平，导致各方面绩效的整体下降，包括安全绩效；要么会采取绩效保护策略，即需要保证原有的工作绩效水平，这时就很可能会以更加容易的工作方式来进行，如走捷径（削弱安全遵守）、不参与更多耗费额外精力的活动（削弱安全参与）等，以缓解压力。无论哪种策略，都会削弱安全动机，甚至产生故意违规行为、偷懒行为等，削弱安全动机对安全行为的促进作用。

此外，根据社会认知理论的三元交互论，主体的行为、主体的认知、动机等内在因素及环境因素三个要素之间相互影响和决定。在行为人的内在因素与其行为的关系中，人的认知、信念和动机等必然有力地决定和支配着主体行为发生，相应地，主体做出的行为及其产生的结果也必然对主体自身的情绪、思维、认知等产生影响。同时，主体因素和主体行为之间的关系是在一定的环境中发生的，行为人可以通过采取不同的行为以改变环境；相应地，环境也控制和引导着行为人的内在因素的变化和具体行为的选择。安全动机是建筑工人的主体认知和动机因素，会对安全行为起到主导作用，但是工作压力源作为工人工作的外部环境，对安全动机到安全行为的实现形成了一定的阻碍。因为在生产环境中，工作目标及实现工作目标所获得的利益相对于安全目标的可见性，使工人更愿意将精力放在工作目标的实现上。同时，过高的工作压力源作为外部客观环境，为安全地进行生产任务提出了更高的要求，因为在工作过程中确认和遵守安全程序将会使工作完成起来更加麻烦。这大大降低了建筑工人安全行为实施的可能性，对安全动机与建筑工人安全行为之间的关系产生了削弱作用。从而，安全动机作为工人的主体动机因素，工作压力源作为环境因素，共同决定安全行为的产出（Bandura，2001）。因此，即使安全心理资本较高的工人具有进行安全行为的主观意愿和较高的安全动机，但是将动机践行的过程仍然会受到工作压力源的限制，特别是当生产目标优先级高于安全目标时。这在生产经营部门是普遍存在的，为了缓解自身损耗和压力，工人只能在保证主要绩效目标（生产任务）下，减少在次要目标上（安全目标）的努力，即采取更为容易的工作方式，如走捷径、省掉一些安全程序（安全不遵守）、不参与更多耗费额外精力的活动（安全不参与）等，最终可能导致安全行为水平的下降。综上所述，工作压力源在安全心理资本影响安全行为过程中可能起到调节作用。

基于上述理论分析，在 JD-R 理论的动机激发路径的基础上，结合资源保存理论和自我损耗理论，以及其他相关理论，建筑工人安全心理资本对其安全行为的影响机理理论分析框架如图 4-6 所示，即①安全心理资本作为个人安全心理资源的资本化形式，对个人的安全行为有积极的影响。②促进工人安全行为的不仅是安全心理资本本身，由资源所激发出来的安全行为动机也是该路径实现的关键因素。③不同的工作要求对安全行为的动机激发过程具有不同的调节作用。一是风险感知对工人安全动机的激发作用，二是安全管理氛围对工人安全动机的塑造作用，三是工作压力源对工人安全动机的限制作用。

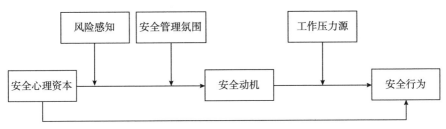

图 4-6　建筑工人安全心理资本对其安全行为影响机理的理论分析框架

第三节　研究假设提出

一、建筑工人安全心理资本对安全行为的直接影响

自 Eid 等（2012）初步构建了心理资本对员工安全参与行为和安全遵从行为影响的概念模型之后，心理资本与安全行为的关系被国内外学者多次证实（Ye et al.，2020；连民杰等，2020）。而本书所提出的建筑工人安全心理资本作为特定于安全的心理资本，是建筑工人的一种综合的积极安全心理素质和能力，包含警惕性、开放性、宜人性、韧性、安全信念和安全自我效能感等一系列心理能力组成的积极的安全心理状态。其中，警惕性是使个人处于对风险的高度重视状态，愿意为安全加以关注和努力，最终促成正确安全行为决策的重要特征（Fruhen and Flin，2014）。当一个人警惕性较高时，其目光会更长远（Fruhen and Flin，2016）。而工人处于复杂性、动态性的作业环境中时，风险因素随时存在，并且可能因为被忽略而恶化，这对工人的安全产生极大的威胁。只有目光更长远的工人，才能够居安思危，尽可能多地关注到作业环境中的风险，从而保证更好的安全操作。经验开放性对一般工作绩效的促进作用已被证实（姜红等，2017）。同时，经验开放性有利于个人知识的共享（钟竞等，2015）。而在建筑行业中，相比正式的安全培训、安全教育，工人的安全知识更主要来源于师傅、工友间的交流、共享（付光辉等，2018）。因此，开放性对建筑工人安全知识和经验的积累是至关重要的。通过这种非正式互动，工人对知识和经验不断积累、总结，进而能够在环境多变、作业程序化不足的建筑项目中，根据具体情况进行思考，采取合适的安全行动（李乃文等，2023b）。宜人性较高的员工，个人的风险偏好较低，具有更好的安全诚信态度（吴伟杰和王燕青，2013），能够有效抑制不安全行为的发生（章少康等，2020），进而促进险兆事件上报等安全行为（赵大龙等，2018）。韧性是一种能力，这种能力是当个体面对压力与困境时，为保护个体的心理功能不受严重影响而展现出来的（雷鸣和张庆林，2009）。个体面临压力、困境、挑战与压迫等逆境或者一系列消极情境是心理韧性应用的重要条件

（叶宝娟等，2018）。而在高危环境中作业的建筑工人，随时可能遭遇安全事故，造成伤亡，其身心承受的压力都非常大。这时，韧性越高的工人，越能顶住压力，能够在生理及心理上都可以达到良好的适应程度，降低逆境对自身带来的负面影响，保持甚至超越现有的安全行为水平（陈芳和韩适朔，2018）。安全自我效能感是工人对自身掌握的安全技能、知识及自身解决安全问题能力的自信状态。安全自我效能感较高的工人对自己能够安全完成工作以及维护作业场所安全充满信心，具有更正确、积极的安全态度（Li and Li，2010），敢于在安全问题面前做出决策，果断采取正确的安全行为（Chen and Chen，2014）。此外，根据多元资源理论，这些心理能力以协同的方式发挥作用，即整体的作用比各个组成部分单独发挥的作用及各部分的总和更大（Luthans et al.，2007b）。

综上所述，具有安全心理资本较高的工人，意味着其具有更强警惕性、开放性、宜人性、韧性、安全信念和安全自我效能感等心理素质和能力，通过这些心理能力的协同作用，工人能够做出更多的安全行为。因此，提出以下假设：

H1：建筑工人安全心理资本对其安全行为有正向影响。

二、自我决定型安全动机的中介作用

安全心理资本作为工人的个人安全心理资源和能力，对个人的动机能起到激发作用（Bakker and Demerouti，2007）。因为，具有安全心理资本的工人，更愿意学习安全知识、技能，发展自身安全能力（Gao et al.，2016），增强对安全工作的自主性，还能够与班组长、工友建立良好关系，获得社会支持（王静等，2023），体验到归属感，从而满足工人自主、能力和关系三大基本心理需求；而这三大心理需求的满足，能激发其自主安全动机（Fleming，2012），使其发自内心地认同安全的重要性，将安全工作与自身价值观统一，提高安全的自主能动性。同时，安全心理资本也可以通过满足个人外部需求，如帮助工人得到认可、奖励，避免惩罚等来激发受控动机（Zablah et al.，2012）。因为，具有高水平安全心理资本的工人，也会具有更高的责任感（Bakker and Demerouti，2017），对安全规章制度的要求及班组长和工友的安全行为和反馈等更加敏感。同时，他们还具有较低的风险偏好（连民杰等，2020）。因此，提高工人违反规章制度而受到惩罚，以及因未满足他人安全期望而感到内疚等方面的因素和作业环境中固有的风险因素，都会提高其受控动机水平（谭冬伟，2017）。在外部安全要求、规则和期望等的作用下，工人安全目标的实现和完成使其再次确信自身安全能力，安全目标实现过程中，实现了他人对自身的认可，巩固了与他人的关系，而对这些心理需求的满足会进一步促进自主安全动机的提升。此外，Chen 等（2017）还证实了心理资本要素之一的韧性与心理压力的负相关关系，而心理压力被认为是安全动机和行为的重要制约因素。自我效能感这一重要的心理资本要素，也被当作是安全动机的影响因素，对安全动机，特别是自主安全动机产生积极作用（李乃文和赵钰，2020）。由此可知，安全心理资本不仅能帮助工人满足胜任、关系和自主三大心理需求，从而激发工人的自主安全动机，还能使工人具有更高的责任感，对安全规章制度和程序要求及他人评价更为敏感，激发更高的受控安全动机，进而提高安全动机水平（高伟明等，2017）。因此，本部分做出以下假设：

H2：建筑工人安全心理资本对其安全动机具有正向影响。

安全行为自身不是无缘无故出现的。人的行为差异主要取决于知识、动机和技能（Campbell et al.，1993）。而安全技能主要来源于对知识的实践，安全知识和技能的加强都会提高对安全工作的认识和重视，从而增加安全动机。因此，一直以来，安全动机都被认为安全行为是重要的前因变量（Neal and Griffin，2004）。这些研究主要集中在自主动机中的认同动机，认为当个人价值观与组织的安全价值观相一致，认识到安全的重要性时，人们会表现出更多的安全行为（Vinodkumar and Bhasi，2010）。事实上，自主动机中的内在动机与积极情感和努力持续性相关，是角色内行为和角色外行为的重要预测因子（Shin et al.，2019）。而工作投入被认为是解释内在动机绩效效应的关键机制（Piccolo and Colquitt，2006），同时也被证明能促进安全行为的产生（王新平和逯贵娇，2019）。内在安全动机本身与安全行为之间的正向关系也得到了证实（Wen et al.，2018）。在受控动机方面，谭冬伟（2017）对煤矿工人安全行为的一项研究中，证实了受控动机对安全行为的正向影响。其中，内摄动机是由偶发自尊支撑的。现有研究表明，虽然与自主动机相比，内摄动机与员工绩效的正相关程度较小，但仍存在一定的正相关关系（Gagné and Forest，2015）。蒋丽和李永娟（2012）认为受内摄动机调节的个人，具有较高的安全意识，如果没有遵守安全规则或满足他人期望他会感到内疚和惭愧。因此，在安全的工作环境中，具有内摄动机的工人，可能会为了尽力满足他人期望以维持自身价值感，或证明自己具有完成任务的能力而愿意遵守规则，或帮助他人提出安全建议等。Jiang 和 Tetrick（2016）通过对高危行业 375 名员工的调查，认为虽然内摄动机与安全行为正相关，而外部动机却与安全行为负相关。然而，根据期望价值理论，外部动机是安全遵守行为的重要预测因素，工人可能会通过遵守安全程序来获得期望的奖励或避免惩罚（Zohar et al.，2015）。同时，安全参与行为属于角色外安全行为，虽不具有强制性，在组织中很可能不会进行正式的奖励和惩罚，但是在建筑项目组织中，工人之间的联系较为紧密，工人可能会为了获得他人的积极评价，与他人建立更好的关系，而积极参与安全活动，帮助工友解决安全问题等。基于上述讨论可知，无论哪种类型的动机都会对安全行为造成积极的影响。因此，本章做出以下假设：

H3：建筑工人安全动机对其安全行为具有正向影响。

随着学者对安全动机研究的深入，认为安全动机对安全行为的影响还受到更多远端前因因素的影响，远端因素—安全动机—安全行为的关系链条。根据 JD-R 理论，资源是通过激发个人的动机来达到对行为以及绩效的提升的（Bakker and Demerouti，2007）。此外，保护动机理论也认为，个人对自身的效能评估越高，越具有采取保护行为的意向，进而其保护行为水平会相应提高。同时，根据计划行为理论，除个人行为态度和主观规范外，知觉行为控制是影响个人行为意向，进而影响行为实施的重要因素。安全心理资本与个人的知识、技能、经验的掌握密切相关，是以工人先天特质为基础，伴随着工作过程中的安全知识积累、技能提升和阅历丰富等而不断提高（侯二秀等，2013），是对自身安全态度、行为方式及行为结果等有着深刻影响的类状态品质。随着安全知识、技能和经验的不断积累，工人对自身的效能评估会更理性和正确，安全态度也会更加端正和严谨，工人所拥有的解决安全问题和阻碍的资源也将会越多，所遇到的困难会相对减少，其对自身进行安全行为的效能评价和知觉行为控制也会越高，工人将具有更加强烈的安全行为意愿和动机，进而实现更多的安全行为。

综上所述，安全心理资本是工人特定于安全的积极心理状态和能力，如果建筑工人具有较高的安全心理资本水平，将受到更多的内部和外部的激励，形成较高的安全动机水平，进而促进其安全行为水平的提升。因此，本部分做出以下假设：

H4：建筑工人安全心理资本通过安全动机的中介作用正向影响安全行为。

三、风险感知的调节中介作用

风险感知是对特定风险发生可能性和严重性的评估和直觉判断，以及相应的情绪反应，是个体对特定风险的主观判断（Slovic et al.，1981），最初是用来研究消费者购买决策和行为的。随着研究的不断深入，风险感知被认为对个体行为可能起重要作用（Man et al.，2017）。安全行为也从风险的视角被划分为冒险行为和风险规避行为。一方面，风险感知被确定为建筑工人抑制冒险行为的一个重要因素。建筑工人之所以倾向于在工作中冒险，是因为他们认为风险很低（Man et al.，2019）。当建筑工人意识到风险很高时，他们往往不会在工作中冒险（Low et al.，2019）。除了建筑工人的冒险行为外，他们的风险认知也对他们的安全行为有积极的影响（Xia et al.，2017）。此外，建筑工人的风险认知还与其不安全的工作习惯，如饮酒行为等呈负相关（Arezes and Bizarro，2011）。这些学者普遍认为风险感知会对安全行为造成正向影响，是因为风险感知加强了工人的安全需要和期望，为了满足自身的安全需要，建筑工人自身会通过更多的安全行为来规避风险，避免事故的发生（王振人，2018）。另一方面，施工环境普遍被认为是危险的，可能涉及火灾、爆炸、结构倒塌等危险，以及与滑倒、绊倒和坠落有关的事故（Perlman et al.，2014）。当工人感知到这些风险时，会产生更高的安全需要和期望，若自身安全能力和素质与安全需要和期望不匹配时，会提高工人对解决和规避安全问题的不确定性，引起一定的生理和心理压力，导致工人出现工作倦怠等消极状态（Nielsen et al.，2011），进而抑制工人参与到更多的安全工作中，降低其安全行为水平

（Xia et al.，2020）。由此可见，现有的风险感知对安全行为影响的研究明显存在两种完全不同的结论，但无论哪种观点都认为，风险感知能激发工人更高的安全需求。

由此可见，具有安全心理资本的工人面对风险具有更积极稳定的心态，对自身处理问题的能力也更有自信，在较高的风险感知作用下，会产生更高的安全需求，工人的安全心理资本会得到更有效的利用，进而激发更高水平的安全动机（Bakker and Demerouti，2017）。因此，本部分做出以下假设：

H5：风险感知正向调节了安全心理资本与安全动机之间的关系。具体地，当工人风险感知越高时，安全心理资本对安全动机的正向影响越强；反之，当工人风险感知水平越低时，安全心理资本对安全动机的正向影响越弱。

综上所述，具有安全心理资本的建筑工人，具有更明确的安全目标，对解决工作中所遇到的安全问题更有决心和自信，当其陷入险境时也有多种途径使自己摆脱出来，不容易陷入绝境，因此能够采取更加有效的自我保护机制。但是，若其风险感知水平较低，没有感受到危险和威胁的存在，产生的安全需求也相对较低，自身的安全心理资本不能更好地被利用，采取自我保护行为的动机降低，安全行为水平也随之降低。而当工人风险感知较高时，能更正确地认识到作业环境中存在的风险，产生更大的安全需求。同时，其自身所拥有的安全心理资本会最大限度地被利用，产生与高安全需求相应的安全能力，而不会引起工人的过多的压力，进而促进安全动机的产生，提高安全行为。由此可见，当工人具有较高风险感知时，安全心理资本对工人安全动机的促进作用可能得到提升，而安全动机水平的提升会促使加工人更多地参与到安全工作实践中，做出更多的安全行为。因此，本部分做出以下假设：

H6：风险感知正向调节了安全动机对安全心理资本和安全行为关系的中介作用。具体地，当工人风险感知水平越高时，安全心理资本通过安全动机影响工人安全行为的效应越强；反之，当工人风险感知水平越低时，安全心理资本通过安全动机影响安全行为的效应越弱。

四、安全管理氛围的调节中介作用

安全管理涉及与保持安全相关的实际实践、角色和功能（Kirwan，

1998）。它通常被视为整个组织管理的一个子系统，通过组织的安全管理系统，借助各种安全管理实践来实施。安全管理的实践则是组织管理人员以员工安全为目标，实施或遵循适用于本组织的政策、策略、程序和活动，以引导或规范工人的安全行为，旨在控制可能危害工人健康和安全的因素。安全管理氛围是从组织层面对安全氛围的描述，根据安全氛围的定义，可将其定义为组织内人员对组织安全管理实践和管理者安全管理行为所表现出来的安全目标、要求及期望的感知和见解，反映个体关于管理人员对安全重视程度及组织内安全工作优先级的理解（Bian et al.，2019）。而这种共同的认知和见解，能在整个组织内有效影响和塑造员工的安全价值观、行为等。

安全管理氛围作为工人所感知到的项目对自身安全行为所提出的要求和期望，当组织管理者对安全越重视，安全管理力度越大时，工人所面临的安全目标也将越高，安全挑战也将越大。当工人所面临的安全工作要求和挑战越高时，其安全心理资本将被越多地应用到实现安全作业的过程中（Bakker and Demerouti，2017）。因为安全心理资本作为类状态变量，本身也会受到特定环境氛围的影响（Newman et al.，2018）。当管理者越重视安全时，会对完成安全目标、提出安全建议或者意见的工人有积极反馈，安全规章制度和程序的制定会更具合理性和适用性，让工人认为只要自己遵守组织中的规章制度，就应该能保证工作安全（Ye et al.，2020），对安全管理产生积极的反应，投入更多的精力和资源到安全工作当中，以克服更高的安全挑战，实现更高的安全目标。同时，工人通过对安全目标的追求、对安全要求和期望的达成，其安全心理资本也将进一步得到塑造、锻炼和提升，形成更高水平的安全心理资本，进而促进安全动机水平提升。反之，当安全管理氛围水平较低时，管理者可能更重视其他目标（如生产目标）的实现，而对工人是否安全地达成生产目标并不关心和重视，即使完成安全目标，更多地参与安全活动，提出安全建议，也不会得到任何好处，因此工人会对安全表现出更加消极的态度。而消极反应所消耗的精力资源、心理资源等远远少于积极反应（Schmeichel et al.，2003），安全心理资本则得不到很好的利用。同时，工人会将自身有限的资源更多地放在关注组织更为重视的目标上，以获得更积极的反馈，比如通过不戴个人防护用品、抄近路等方式更多、更快、更便捷地完成工作。这样他们通过安全的方式进行工作的意愿也随之减弱，降低了安全动机。因此，本部分提出以下假设：

H7：安全管理氛围正向调节了安全心理资本与安全动机之间的关系。具体地，当项目安全管理氛围水平较高时，安全心理资本对安全动机的正向影响越强；反之，当项目安全管理氛围水平较低时，安全心理资本对安全动机的正向影响越弱。

一个具有较高安全心理资本的工人，自身对安全就较为重视，对安全的期望也较高。而安全管理氛围作为工人工作的情境条件之一，职业动机理论认为其与工人个人特征安全心理资本之间存在一定的交互作用，即情境条件和个人特征之间的匹配度越高，动机会越强烈（London，1983）。因此，在较高的安全管理氛围水平下，工人安全心理资本对其安全动机的提升作用会更加明显，而安全动机水平的提高，使工人愿意实现更多符合安全期望和规定的积极行为（Panuwatwanich et al.，2017），进而促进安全行为水平的提高。因此，本部分提出以下假设：

H8：安全管理氛围正向调节了安全动机对安全心理资本和安全行为关系的中介作用。具体地，当项目安全管理氛围水平较高时，安全心理资本通过安全动机影响工人安全行为的效应更强；反之，当项目安全管理氛围水平较低时，安全心理资本通过安全动机影响安全行为的效应更弱。

五、工作压力源的调节中介作用

工作压力源是需要个体予以反应的工作环境事件，包括挑战性压力源和阻碍性压力源两大类（李乃文等，2023b）。虽然，有研究指出，时间压力、工作负荷以及工作复杂度等挑战性工作压力源的克服，会使个人或工作资源得到更大的利用（Bakker et al.，2007；Xanthopoulou et al.，2013），工人会获得更多的潜在利益，如收获成就感、促进其在职业生涯中的成长、获得更多报酬等，因此会促进工作满意度和工作绩效等（Kim and Beehr，2018）。然而，在安全领域，无论是挑战性工作压力源还是阻碍性工作压力源的增加，都可能对安全产生负面的影响（Yuan et al.，2014）。首先，无论挑战性工作压力源是否具有积极的性质，其与阻碍性压力源一样，本身的性质都是工作压力和紧张产生的外界刺激源，会导致紧张感及工作压力（Zhang et al.，2014）。个人—环境匹配理论指出，特别是在个人具有较高的安全动机时，其安全需求与高工作压力源的环境所供给的安全条件不匹配，造成其安全需求得不到满足，会产生更高的工作压力（Edwards et al.，2006）。而工作压力对工作投入、安全动机、安全行为等积极状态和行为会产生负面影响。其次，建筑项目组织作为生产经营部门，其目标是多重的，最突出的表现是生产目标和安全目标之间的难以平衡和统一（Flin et al.，2000）。而不同目标会产生不同的动机和相应的意志行为（Schmeichel et al.，2003）。人所实现不同的目标活动、从事不同行为所使用的都是同一种有限的心理资源（Muraven and Baumeister，2000）。当有限的精力被生产目标消耗，剩余可用的精力随之减少，个体在从事其他意志行为（如安全行为）时的困难也会随之增加，从而抑制了安全动机向安全行为的转化。最后，在实践中，特别是在建筑项目组织中，生产与安全很难真正地得到相同的重视（Siu et al.，2004），这是因为建筑项目生命周期有限，生产相对于安全的效果更加可见，项目为实现生产目标而提供的奖励（如称赞或奖金）造成资源失衡（Ford and Tetrick，2008），同时，根据马斯洛需求理论，工人对以劳动换取报酬的生存需求相对于安全需求具有更高的优先级。在存在大量工作压力源的苛刻条件下，要保证绩效，需要调动和管理精神，努力去应对压力源（Hockey and Earle，2006），这必然会大量使用自我控制资源，从而占用其关注安全目标的精力，降低了将安全动机转变成实际安全行为的可能性。而持续的精力和自我控制资源的消耗也会降低工人的自我控制能力，呈现对自身安全行为的弱控制状态，导致较低的安全行为动机水平，进而导致安全行为的减少（Leung et al.，2016）。由此可见，在高工作压力源水平下，工人一般会产生工作压力和紧张感，即使工人未感受到工作压力，当工人更多地关注实现工作目标所带来的利益时，针对安全目标的安全动机对安全行为的促进作用也会被削弱。因此，本部分做出以下假设：

H9：工作压力源负向调节了安全动机与安全行为之间的关系。具体地，当工作压力源水平越高时，安全动机对安全行为的正向影响越弱；反之，当工作压力源水平越低时，安全动机对安全行为的正向影响越强。

综上所述，即使具有安全心理资本的工人有进行安全行为的主观意愿和动机，但是将动机践行为安全行为的过程仍然会受到工作压力源这个外部环境条件的限制，特别是当生产目标优先级高于安全目标时，一方面，工人会更加注重生产目标的实现，占用安全精力；另一方面，克服工作压力源会为工人带来倦怠和压力等。在这两种情况下，工作压力源都削弱了安全动机对安全行为的促进作用，因为不管是为了更快地完成工作目标，还是为了缓解自身损耗和压力状态，工人的安全动机都会降低，而动机的降低会导致其在保证主要绩效目标（生产目标）下，减少在次要目标（安全目标）上的努力（Hockey，1997），最终，工人采取更为容易的工作方式，如省掉一些安全程序（不戴安全帽等个人防护装备、抄近路等）、不参与更多耗费额外精力的安全活动（安全会议、非强制性安全培训等）等，导致安全行为水平的下降。因此，本部分做出以下假设：

H10：工作压力源负向调节了安全动机对安全心理资本和安全行为关系的中介作用。具体地，当工作压力源水平越高时，安全心理资本通过安全动机影响工人安全行为的效应越弱；反之，当工作压力源水平越低时，安全心理资本通过安全动机影响安全行为的效应越强。

第四节 本章小结

首先，本章梳理了构建建筑工人安全心理资本对其安全行为影响机理所需的支撑理论，确立了以工作要求—资源理论为基础，同时结合资源保存理论、自我损耗理论、保护动机理论、计划行为理论和三元交互决定论的理论框架。其次，在基本理论框架的指导下，梳理了影响建筑工人安全的个人特质和环境因素，将其归类为个人资源和工作要求两大类，通过文献研究、归纳研究、演绎研究等方法进行了理论推演，构建了建筑工人安全心理资本—自我决定型安全动机—安全行为以及风险感知、安全管理氛围和工作压力源在以上关系中发挥调节效应的概念模型。最后，在概念模型的基础上提出了五类假设，为后续的实证研究提供了基础：一是建筑工人安全心理资本与安全行为的主效应关系假设；二是建筑工人安全心理资本对其自我决定型安全动机的直接关系假设，以及自我决定型安全动机对其安全行为的直接关系假设；三是自我决定型安全动机在建筑工人安全心理资本和安全行为之间的中介作用关系假设；四是风险感知和安全管理氛围对建筑工人安全心理资本和自我决定型安全动机之间关系的调节作用假设，以及工作压力源在自我决定型安全动机与安全行为之间关系的调节作用假设；五是风险感知、安全管理氛围和工作压力源对自我决定型安全动机在安全心理资本和安全行为关系中的中介效应的调节作用假设。

第五章
基于安全心理资本的建筑工人安全行为
影响实证研究

为验证第四章构建理论模型的合理性，本章开展了基于心理资本视角的建筑工人安全行为影响机理实证分析，明确建筑工人安全心理资本对其安全行为的影响机理。首先，对建筑工人安全动机、安全行为、风险感知、感知安全管理氛围、工作压力源测量量表进行研究设计和编制。其次，采用 Pearson 相关分析方法对各变量进行相关分析，检验建筑工人安全心理资本、安全动机、安全行为、风险感知、安全管理氛围及工作压力源之间的相关关系。最后，在此基础上采用层次回归分析、Bootstrap 法等方法，对主效应、中介效应及调节效应进行检验，从而为从安全心理资本视角提升建筑工人安全行为水平提供理论依据。

第一节　问卷设计与量表编制

一、初始量表设计

（1）建筑工人安全动机初始量表选取与设计。安全动机是指员工以安全的方式执行工作的意愿和表现出安全行为的动力（Neal and Griffin，2002）。一般对于安全动机的测量，都只注重于安全动机的水平，而没有关注动机的种类。但笔者认为，安全动机的种类和水平对工人的安全行为影响都很重要，因此本部分采用 Fleming（2012）开发的自我决定型安全动机对工人的安全动机进行测量，包含自主安全动机和受控安全动机两个维度，其中自主安全动机包含内部安全动机和认同安全动机两方面的内容，共 6 个题项；受控动机包含内摄安全动机和外部安全动机两方面的内容，共 6 个题项。本书在该量表的基础上根据实际情况进行了适当的修改，安全动机初始量表如表 5-1 所示，该量表采用李克特 5 点计分法，1 代表非常不符合，5 代表非常符合。

表 5-1　建筑工人安全动机初始量表

初始维度	题项	初始条目
自主安全动机	AQDJ1	努力安全工作让我觉得很有趣
	AQDJ2	努力安全工作让我觉得很快乐
	AQDJ3	我喜欢安全工作
	AQDJ4	我相信花费精力保证安全工作是重要的
	AQDJ5	我认为付出努力去安全工作对我很重要
	AQDJ6	重视工作中的安全与我个人的价值观一致
受控安全动机	AQDJ7	不努力安全工作会让我觉得内疚
	AQDJ8	当我没有安全地进行工作时，我自己会感到难过
	AQDJ9	不努力安全工作让我感到惭愧
	AQDJ10	安全工作是为了他人（领导、同事、家人等）避免惩罚、批评
	AQDJ11	安全工作是为了他人（领导、同事、家人等）获得奖励、表扬
	AQDJ12	安全工作是因为感受到来自别人（领导、同事、家人等）的压力

（2）建筑工人安全行为初始量表选取与设计。本部分将建筑工人安全行为定义为在组织安全管理和控制下，工人为了维护自身、他人和工作场所安全，做出的安全遵守行为和安全参与行为。本部分采用 De Armond 等（2011）在建筑项目背景下开发的建筑工人安全行为量表，并结合实际调研情况，进行适当的改编，以对安全遵守行为和安全参与行为进行测量。安全行为初始量表如表 5-2 所示，该量表采用李克特 5 点计分法，1 代表非常不符合，5 代表非常符合。

表 5-2 建筑工人安全行为初始量表

初始维度	题项	初始条目
安全遵守行为	AQXW1	我采用适当的工作实践来降低暴露于危险中的风险
	AQXW2	我按照现场健康和安全计划的指示，使用适当的个人防护、安全设备
	AQXW3	如果因行使职业安全与卫生政策和程序规定的权利而被阻止或受到处罚，我会采取适当的措施
	AQXW4	我恰当地报告伤害、事故或疾病
安全参与行为	AQXW5	我能够协助其他人确保他们安全地开展工作
	AQXW6	我能够大胆表明会对他人违反安全规定的行为进行举报
	AQXW7	我会尝试对工作方式进行改变，以使其更安全
	AQXW8	我鼓励其他人参与安全工作
	AQXW9	我会采取措施制止安全违规行为，以保护其他人员的福祉
	AQXW10	我主动参加和执行有助于提高安全的任务或活动（安全会议、目标制定、非强制性培训等）

（3）建筑工人风险感知初始量表选取与设计。风险感知指的是个人对风险的主观判断。由于作为调查对象的建筑工人所处项目类型及自身工种的不同，其面临的具体风险源是不相同的，因此本部分拟采用 Gyekye 和 Salminen（2005）开发的单维度 10 个条目量表对风险感知进行测量，该量表在各种工作场所中通用性较强，包括"我感觉我的工作很危险""我感觉我的工作让我感到害怕"等题项。风险感知初始量表如表 5-3 所示，该量表采用李克特 5 点计分法，1 代表非常不符合，5 代表非常符合。

表 5-3 建筑工人风险感知初始量表

题项	初始条目
FXGZ1	我感觉我的工作很危险
FXGZ2	我感觉我的工作安全性很高
FXGZ3	我感觉我的工作会给我带来危险
FXGZ4	我感觉我的工作冒险性很强
FXGZ5	我感觉我的工作是一项不健康的工作
FXGZ6	我感觉我在工作中很可能受到伤害

题项	初始条目
FXGZ7	我感觉我的工作是不安全的
FXGZ8	我担心我的工作会损害我的身体健康
FXGZ9	我感觉我的工作会威胁到我的生命安全
FXGZ10	我感觉我的工作让我感到害怕

（4）建筑工人感知安全管理氛围初始量表选取与设计。目前，对安全管理氛围的专门研究较少，但是安全管理氛围属于安全氛围的范畴，是组织内人员对组织管理者安全管理实践和行为所表现出来的安全目标、要求及期望的感知和见解。对于组织层面安全氛围的测量，最具代表性的量表是 Zohar 和 Luria（2005）所设计和开发的组织层面的单维度安全氛围量表，已被证明具有良好的信度和效度。因此，本章在该量表的基础上，结合 Wu 等（2016）关于中国建筑项目安全氛围的量表，以及对项目调研的实际情况，对量表进行了适当的修改，包含 10 个题项，如表 5-4 所示。该量表采用李克特 5 点计分法，1 代表非常不符合，5 代表非常符合。

表 5-4　建筑工人感知安全管理氛围初始量表

题项	初始条目
AQFW1	当被告知存在安全隐患时，项目管理人员迅速做出反应以解决问题
AQFW2	项目坚持全面、定期的安全审计和检查
AQFW3	项目提供安全工作所需的所有设备、资源、工具
AQFW4	当工作进度落后时，项目管理人员对安全工作要求仍很严格
AQFW5	项目在调遣人员时会参考该员工的安全行为
AQFW6	项目为工人的安全培训投入大量的时间和金钱
AQFW7	项目管理人员认真听取工人关于提高安全性的意见
AQFW8	项目在计划生产和时间时考虑安全，认为安全与项目的其他因素（时间、成本、质量等）一样重要
AQFW9	项目为工人提供大量有关安全问题的信息
AQFW10	项目定期举行安全意识活动（如安全会议、宣传、演讲、培训等）

（5）建筑工人工作压力源初始量表选取与设计。本书将工作压力源定义为建筑工人在工作、生产过程中会遇到的，需要消耗个人精力、资源以克服从而使工作能够顺利完成的刺激源。Cavanaugh 等（2000）开发的挑战性—阻碍性压力源量表被许多研究所采用，除了被证明有良好的信效度之外，该框架下的压力源组合较为灵活，可根据实际情况增加或减少组成挑战性压力源和阻碍性压力源的因素。因此，本部分在此量表基础上，结合建筑工人的实际情况对该量表进行一定的改编，例如，建筑工人的工作任务一般都比较明确，因此较少存在角色模糊的情况，但是其可能收到来自项目管理人员和班组长的不同的工作要求，或者是安全和生产任务相冲突的工作要求，因此角色冲突比较明显。工作压力源初始量表包含挑战性压力源和阻碍性压力源两个维度，挑战性压力源包括工作负荷、时间压力、任务技能压力方面的内容，而阻碍性压力源包含了工作琐事、不安全感、生活条件、人际压力和角色冲突方面的内容。具体量表如表5-5所示，该量表采用李克特5点计分法，1代表非常不符合，5代表非常符合。

表5-5　建筑工人工作压力源初始量表

初始维度	题项	初始条目
挑战性工作压力源	GZYL1	我每天需要完成的任务或工作数量多
	GZYL2	我需要在工作任务上花费大量的精力和时间
	GZYL3	在规定时间内我必须完成的工作量很大
	GZYL4	我经常都需要抢时间来完成生产目标
	GZYL5	我需要学习和掌握很多作业技能
	GZYL6	我需要运用很多操作技术、作业技巧以完成工作
阻碍性工作压力源	GZYL7	与班组长的关系好坏比干活多少或干活好坏更重要
	GZYL8	工作中我需要处理很多繁琐的事情
	GZYL9	我的工作缺乏保障（不安全感）
	GZYL10	工地上的劳动、生活环境条件差
	GZYL11	工作中我经常会与人发生冲突
	GZYL12	我常常收到相冲突的工作要求

二、初始量表小样本预测试析与修正

小样本预调查是正式调查顺利进行的基础和保证。本书中变量的测量除安全动机外，其他都是在成熟量表的基础上进行了改编、整合。为了保证所设计量表对建筑工人群体测量的有效性，需采用小样本预调查的方式测试问卷的信效度，并根据检验结果确定问卷是否需要改进。首先，在一家大型国有企业所属的位于河南省郑州市的两个正在进行施工项目的班组内进行了小范围测试，对反映含糊不清、不易理解的地方进行了调整。然后，在 15 个不同规模项目中进行了预测，共计发放量表 250 份，回收 217份，剔除填写不完整或答题应付了事、有矛盾等有明显问题的无效问卷，共回收有效问卷 182 份，有效回收率为 72.5%。预调查样本的人口统计学信息如表 5-6 所示。从年龄方面来看，主要集中在 31~40 岁、41~50 岁这两个年龄段，分别占总调查人数的 36.3% 和 39.0%；从性别方面来看，以男性为主，占 93.9%，女性占 6.1%，这主要因为目前中国建筑行业是一个男性劳动力主导的行业；在工龄方面，主要集中在 6~10 年和 11~15 年，5 年以下的较少。教育水平以初中及以下的教育水平为主，占总调查人数的 62.6%。工种方面分布得比较均衡，基本包含了各个主要工种，具有一定的普适性，调查样本结构较为符合建筑工人的实际情况，可以满足抽样调查需求。

表 5-6　样本特征分布（N=182）

		样本数	比例（%）
年龄	20 岁及以下	1	0.5
	21~30 岁	18	9.9
	31~40 岁	66	36.3
	41~50 岁	71	39.0
	51 岁以上	26	14.2
性别	男性	171	93.9
	女性	11	6.1

续表

		样本数	比例（%）
工龄	5 年及以下	13	7.1
	6~10 年	59	32.4
	11~15 年	74	40.7
	16~20 年	29	15.9
	21 年以上	7	3.8
教育程度	初中及以下	114	62.6
	高中（高职、中专）	35	19.2
	大专	13	7.1
	本科及以上	20	11.0
工种	普通工	19	10.4
	钢筋工	17	9.3
	混凝土工	24	13.2
	架子工	22	12.1
	木工	21	11.5
	抹灰工	15	8.2
	砌筑工	26	14.3
	电焊工	27	14.8
	其他	17	9.3

1. 初始量表信度检验

本部分采用 Cronbach's α 系数法检验安全动机、安全行为、风险感知、安全管理氛围、工作压力源量表的信度（即内部一致可靠性），并对测量题项的 CITC 值进行判断，从而对条目进行筛选。依据前述判断标准，将 CITC 值小于 0.3，且删除该题后不会导致整个问卷信度下降的题项予以删除。其中，建筑工人工作压力源量表题项 GZYL5、GZYL7 的 CITC 值在 0.3 以下，且删掉条目之后，对应量表的 Cronbach's α 系数有所提高，故删掉这两个条目。表 5-7 报告了各题项的 CITC 值，以及删除条目之后各量表的信度，建筑工人安全动机、安全行为、风险感知、安全管理氛围、工作压力源 5 个变量测量量表各维度的 Cronbach's α 系数均高于 0.8，说明测量量表具有较好的信度。

表 5-7　研究变量初始量表的信度分析

变量	维度	题项编号	CITC 值	Cronbach's α	变量	维度	题项编号	CITC 值	Cronbach's α
安全动机	自主动机	AQDJ1	0.538	0.897	安全参与		AQXW5	0.456	0.905
		AQDJ2	0.431				AQXW6	0.497	
		AQDJ3	0.523				AQXW7	0.515	
		AQDJ4	0.421				AQXW8	0.475	
		AQDJ5	0.525				AQXW9	0.493	
		AQDJ6	0.458				AQXW10	0.536	
	受控动机	AQDJ7	0.501	0.911	风险感知	—	FXGZ1	0.502	0.909
		AQDJ8	0.464				FXGZ2	0.501	
		AQDJ9	0.537				FXGZ3	0.456	
		AQDJ10	0.487				FXGZ4	0.497	
		AQDJ11	0.502				FXGZ5	0.515	
		AQDJ12	0.406				FXGZ6	0.538	
工作压力源	挑战性工作压力源	GZYL1	0.431	0.894			FXGZ7	0.431	
		GZYL2	0.412				FXGZ8	0.523	
		GZYL3	0.404				FXGZ9	0.421	
		GZYL4	0.478				FXGZ10	0.525	
		GZYL6	0.427		安全管理氛围	—	AQFW1	0.484	0.901
	阻碍性工作压力源	GZYL8	0.495	0.892			AQFW2	0.529	
		GZYL9	0.529				AQFW3	0.418	
		GZYL10	0.418				AQFW4	0.431	
		GZYL11	0.431				AQFW5	0.412	
		GZYL12	0.412				AQFW6	0.404	
安全行为	安全遵守	AQXW1	0.537	0.891			AQFW7	0.478	
		AQXW2	0.487				AQFW8	0.497	
		AQXW3	0.502				AQFW9	0.427	
		AQXW4	0.406				AQFW10	0.555	

2. 初始量表效度检验

本部分采用的量表都根据实际调研情况做过一定程度的改编，因此首先用探索性因子分析的方法来提取公因子，确定潜变量维度，具体步骤如下：①对 KMO 样本测度值和 Batlett 球形检验值进行判断，一般 KMO 值大于 0.7 且显著，则表明通过检验，适宜进行因子分析。②用主成分分析法进行因素提取，采用方差最大正交旋转法进行因子旋转，提取特征值大于 1 的因子。③判断方差解释率。方差解释率的主要作用是说明提取水平（信息），一般需要大于 50%，说明能够提取主要信息。④因子载荷系数判断。因子载荷系数主要的作用是评价维度和题目项的对应关系，一般要求因子载荷大于 0.5，且不存在交叉载荷。

检验结果如表 5-8 所示，建筑工人安全动机、安全行为、工作压力源、风险感知和建筑项目安全管理氛围的 KMO 系数分别为 0.914、0.900、0.931、0.924 和 0.902，且均在 $p<0.001$ 的水平上显著，可以进行因子分析。通过建筑工人安全动机、安全行为、工作压力源、风险感知和建筑项目安全管理氛围量表的测量题项进行因子分析，得到了特征值大于 1 的因子，各量表每个题项在其所属因子上归属明确，且因子载荷均大于 0.5。5 个变量得到的因子共解释的总变异分别为 71.3%、81.5%、80.1%、85.4%、70.6%，均大于 60%，说明研究变量所需要的信息可以非常有效地提取出来，信息丢失程度较少，5 个变量采用的量表均具有良好的聚合效度。

3. 初始量表修正

通过预调研数据分析结果删除测量题项 GZYL5 和 GZYL7。删除后问卷信效度显著增加，与第三章中的建筑工人安全心理资本量表一起形成正式调查问卷，分为七个子量表，涵盖 84 个观测指标。七个子量表内容概要如下：①建筑工人安全心理资本量表：包含六个维度，警惕性有 6 个观测指标，韧性有 6 个观测指标，安全自我效能感有 5 个观测指标，开放性有 5 个观测指标，宜人性有 4 个观测指标，安全信念有 6 个观测指标，共包括 32 个观测指标。②建筑工人安全行为量表：包含两个维度，安全遵守行为 4 个观测指标，安全参与行为 6 个观测指标，共涵盖 10 个观测指标。③建筑工人安全动机量表：包含两个维度，自主安全动机有 6 个观测指标，受控安全动机有 6 个观测指标，共涵盖 12 个观测指标。④建筑工人风险感知量表：单一维度，共涵盖 10 个观测指标。⑤建筑工人感知安全管理氛围量表：单一维度，共包含 10 个观测指标。⑥建筑工人工作压力源量表：包含两个维度，挑战性工作压力源维度包含5个观测指标，阻碍性工作压力源维度包含5个观测指标，共包含10个观测指标。

表5-8　研究变量初始量表的效度分析

变量	编号	因子载荷	解释方差（%）	累计方差（%）	KMO	变量	题项	因子载荷	解释方差（%）	累计方差（%）	KMO
安全动机	AQDJ1	0.732	34.6	71.3	0.914	安全行为	AQXW5	0.811	40.7	—	—
	AQDJ2	0.851					AQXW6	0.794			
	AQDJ3	0.831					AQXW7	0.798			
	AQDJ4	0.901					AQXW8	0.539			
	AQDJ5	0.669					AQXW9	0.715			
	AQDJ6	0.749					AQXW10	0.832			
	AQDJ7	0.808	36.7			风险感知	FXGZ1	0.725	85.4	85.4	0.924
	AQDJ8	0.794					FXGZ2	0.679			
	AQDJ9	0.798					FXGZ3	0.731			
	AQDJ10	0.539					FXGZ4	0.529			
	AQDJ11	0.715					FXGZ5	0.659			
	AQDJ12	0.641					FXGZ6	0.853			
工作压力源	GZYL1	0.740	40.0	80.1	0.931		FXGZ7	0.822			
	GZYL2	0.700					FXGZ8	0.901			
	GZYL3	0.871					FXGZ9	0.820			
	GZYL4	0.769					FXGZ10	0.671			
	GZYL6	0.700				安全管理氛围	AQFW1	0.634	70.6	70.6	0.902
	GZYL8	0.769					AQFW2	0.692			
	GZYL9	0.894					AQFW3	0.741			
	GZYL10	0.707	40.1				AQFW4	0.598			
	GZYL11	0.720					AQFW5	0.666			
	GZYL12	0.731					AQFW6	0.714			
安全行为	AQXW1	0.749	40.8	81.5	0.900		AQFW7	0.727			
	AQXW2	0.842					AQFW8	0.634			
	AQXW3	0.831					AQFW9	0.851			
	AQXW4	0.901					AQFW10	0.755			

第二节　大样本正式调查与假设检验

一、数据收集与样本描述

问卷发放给了40个项目中的施工人员，分布于北京、河北、河南、重庆、四川、贵州、江苏、上海、广东、广西十个省份，样本较具有代表性。调查问卷的发放与回收过程与第三章调查过程一致，在此不再赘述。研究人员将问卷现场发放给800名建筑工人，最终总共回收739份，剔除填写不完整或答题明显应付了事、有矛盾等明显问题的无效问卷，共回收有效问卷648份（有效回收率81.0%）。

表5-9是样本的人口统计学信息。从年龄方面来看，主要集中在31~40岁、41~50岁这两个年龄段，分别占总调查人数的39.8%和37.3%；从性别方面来看，以男性为主，占95.2%，女性占4.8%；在工龄方面，主要集中在6~10年和11~15年，5年及以下的较少。教育水平以初中及以下的教育水平为主，占总调查人数的56.3%。工种方面分布得比较均衡，基本包含了各个主要工种，具有一定的普适性。

表5-9　样本特征分布（N=648）

		样本数	百分比（%）
年龄	20岁及以下	2	0.3
	21~30岁	83	12.8
	31~40岁	258	39.8
	41~50岁	242	37.3
	51岁以上	63	9.7
性别	男性	617	95.2
	女性	31	4.8
工龄	5年及以下	47	7.3
	6~10年	258	39.8
	11~15年	211	32.6
	16~20年	101	15.6
	21年以上	31	4.7

		样本数	百分比（%）
教育程度	初中及以下	365	56.3
	高中（高职、中专）	138	21.3
	大专	104	16.0
	本科及以上	41	6.3
工种	普通工	85	13.1
	钢筋工	65	10.0
	混凝土工	67	10.3
	架子工	61	9.4
	木工	112	17.3
	抹灰工	62	9.6
	砌筑工	64	9.9
	电焊工	53	8.2
	其他	79	12.2

二、同源方差和正态性检验

（1）同源方差检验。因为建筑工人安全心理资本、安全动机、安全行为、风险感知、安全管理氛围和工作压力源量表均由工人自评，所以研究结果可能会受到同源偏差的影响。为了最大限度地避免调查类研究的同源误差问题，本部分利用 Harman 单因素进行同源偏差检验，将所有 6 个变量的所有测量题项合在一起做探索性因子分析，得出第一个主成分的解释变异量为 22.253%，未达到 50% 的临界值，不存在单一因子解释绝大部分方差变异的问题，同源方差问题并不严重，可以进行进一步的数据分析。

（2）正态性检验。在对正式调研的数据进行信效度分析之前，还需要验证其是否符合正态分布。用多维度量表进行调研的过程中，通常采用偏度系数和峰度系数两个指标进行判断，当两个指标的绝对值同时小于 1.96 时，可认为数据符合正态分布。因此本部分将各分量表问卷数据导入 SPSS 26.0，通过偏度值、偏度值的标准差、峰度值、峰度值的标准差 4 个统计量计算得出偏度系数和峰度系数，进而检验样本数据的正态性。检验结果表明调查问卷中建筑工人安全心理资本、安全动机、安全行为、风险感知、安全管理氛围和工作压力源量表的所有测量题项的偏度和峰度系数绝对值均小于 1.96，符合正态性检验标准，证明了量表数据近似正态分布，可以进行进一步数据分析。

三、量表大样本信度与效度检验

1. 量表大样本信度检验

本部分与第三章一致，仍采用 Cronbach's α 系数对量表信度进行检验。检验结果如表 5-10 所示。6 个量表的 Cronbach's α 系数介于 0.804 ~ 0.916，均大于 0.7 的判断标准，表明该问卷各变量的测量量表均具有良好的信度，测量结果是可靠的。

表 5-10　量表的信度分析

测量量表	题项数	Cronbach's α 系数
安全心理资本	32	0.916
安全行为	10	0.901
安全动机	12	0.898
风险感知	10	0.867
安全氛围	10	0.804
工作压力源	10	0.881

2. 量表大样本效度检验

在正式调查阶段，通过验证性因子分析测量量表的效度。本部分主要采用的标准和流程与第三章一致，不再赘述。值得强调的是，在这项检验中风险感知和安全管理氛围是一维量表，因此无须测试该量表的区别效度。其余的量表是多维量表，需要进行区别效度的测试。接下来将使用验证性因子分析来检验各个量表的收敛效度和区别效度。首先，建筑工人安全心理资本量表、安全行为量表、风险感知量表、安全动机量表、工作压力源量表及安全管理氛围量表的模型拟合度较好，各量表的卡方自由度值在 3 以下，RMSEA 小于 0.08，RMR 小于 0.05，GFI 和 AGFI 大于 0.8，NFI、CFI 和 TLI 大于 0.90。其次，如表 5-11 所示，安全心理资本、安全行为、安全动机、风险感知、安全管理氛围和工作压力源量表各维度的 CR 值在 0.888 ~ 0.969，均大于临界值 0.7；且其 AVE 值在 0.698 ~ 0.815，均大于临界值 0.5，说明建筑工人安全心理资本量表、安全行为、安全动机、风险感知、安全管理氛围和工作压力源量表具有较好的聚合效度。

表 5-11　建筑工人安全心理资本量表聚合效度检验

变量	潜变量	观测变量	因子载荷	CR	AVE	变量	潜变量	观测变量	因子载荷	CR	AVE
安全心理资本	警惕性	AQXL1	0.791	0.922	0.737	安全动机	自主动机	AQDJ1	0.841	0.940	0.724
		AQXL2	0.830					AQDJ2	0.861		
		AQXL3	0.903					AQDJ3	0.854		
		AQXL4	0.881					AQDJ4	0.820		
		AQXL5	0.876					AQDJ5	0.864		
		AQXL6	0.866					AQDJ6	0.863		
	韧性	AQXL7	0.878	0.955	0.778		受控动机	AQDJ7	0.87	0.935	0.705
		AQXL8	0.875					AQDJ8	0.876		
		AQXL9	0.887					AQDJ9	0.816		
		AQXL10	0.881					AQDJ10	0.841		
		AQXL11	0.902					AQDJ11	0.832		
		AQXL12	0.867					AQDJ12	0.800		
	安全自我效能感	AQXL13	0.875	0.953	0.801	风险感知	—	FXGZ1	0.879	—	—
		AQXL14	0.871					FXGZ2	0.933		
		AQXL15	0.911					FXGZ3	0.942		
		AQXL16	0.912					FXGZ4	0.916		
		AQXL17	0.904					FXGZ5	0.887		
	开放性	AQXL18	0.871	0.888	0.815			FXGZ6	0.899		
		AQXL19	0.922					FXGZ7	0.862		
		AQXL20	0.919					FXGZ8	0.562		
		AQXL21	0.910					FXGZ9	0.862		
		AQXL22	0.890					FXGZ10	0.859		
	宜人性	AQXL23	0.895	0.946	0.814	安全管理氛围	—	AQFW1	0.892	0.969	0.761
		AQXL24	0.887					AQFW2	0.868		
		AQXL25	0.908					AQFW3	0.88		
		AQXL26	0.919					AQFW4	0.839		
	安全信念	AQXL27	0.873	0.958	0.793			AQFW5	0.854		
		AQXL28	0.854					AQFW6	0.903		
		AQXL29	0.922					AQFW7	0.889		
		AQXL30	0.927					AQFW8	0.881		
		AQXL31	0.871					AQFW9	0.85		
		AQXL32	0.892					AQFW10	0.863		

续表

变量	潜变量	观测变量	因子载荷	CR	AVE	变量	潜变量	观测变量	因子载荷	CR	AVE
安全行为	安全遵守	AQXW1	0.861	0.902	0.698	工作压力源	挑战性压力源	GZYL1	0.827	0.947	0.782
		AQXW2	0.892					GZYL2	0.865		
		AQXW3	0.840					GZYL3	0.922		
		AQXW4	0.742					GZYL4	0.910		
	安全参与	AQXW5	0.900	0.944	0.738			GZYL5	0.895		
		AQXW6	0.820				阻碍性压力源	GZYL6	0.871	0.949	0.788
		AQXW7	0.904					GZYL7	0.898		
		AQXW8	0.861					GZYL8	0.916		
		AQXW9	0.880					GZYL9	0.889		
		AQXW10	0.784					GZYL10	0.864		

此外，建筑工人安全心理资本、安全行为、安全动机和工作压力源量表分别有六个维度、两个维度、两个维度和两个维度，需进一步判断区别效度，结果如表5-12所示。从中可以看出各量表每个潜变量的平均方差提取量的平方根大于与其他潜变量之间的相关系数，表明建筑工人安全心理资本、安全行为、安全动机和工作压力源量表的区别效度可以接受。

表5-12　建筑工人量表区别效度检验

安全心理资本

	警惕性	开放性	宜人性	韧性	安全信念	安全自我效能感
警惕性	0.858					
开放性	0.735	0.882				
宜人性	0.730	0.824	0.895			
韧性	0.714	0.774	0.759	0.903		
安全信念	0.691	0.785	0.761	0.801	0.902	
安全自我效能感	0.639	0.723	0.710	0.769	0.844	0.891

安全行为、安全动机和工作压力源

	自主动机	受控动机		安全遵守行为	安全参与行为		挑战性压力源	阻碍性压力源
自主动机	0.851		安全遵守行为	0.836		挑战性压力源	0.885	
受控动机	0.736	0.840	安全参与行为	0.650	0.859	阻碍性压力源	0.794	0.888

注：带下划线的值为每个潜变量平均抽取方差的平方根，其他为潜变量间的相关系数。

四、研究假设检验结果

1. 变量相关性分析

采用皮尔逊积矩相关系数法对各变量之间的相关性进行检验，结果如表5-13所示。从结果来看，每两个量表中的相关性均存在显著性，其工作压力源的相关关系是负向的，其他的都是正向的，为后续分析建筑工人安全心理资本对安全行为的主效应，安全动机的中介效应，以及风险感知、安全氛围和工作压力源的调节效应提供了前提条件。

表5-13　各变量相关性分析结果

变量	均值	标准差	1	2	3	4	5	6
安全心理资本	2.177	0.902	1.000					
安全行为	3.035	0.815	0.503**	1.000				
安全动机	3.179	0.876	0.229**	0.418**	1.000			
风险感知	3.341	1.19	0.141**	0.278**	0.325**	1.000		
安全管理氛围	3.110	0.774	0.521**	0.744**	0.416**	0.269**	1.000	
工作压力源	3.964	1.194	-0.128**	-0.226**	-0.413**	-0.185**	-0.299**	1.000

注：**表示 $p<0.01$。

2. 主效应分析

假设1提出建筑工人安全心理资本对其安全行为具有正向影响。为了验证该假设，利用SPSS 26.0软件，用层次回归方法进行分析。首先，将安全行为作为因变量放入回归方程中。其次，加入相应的控制变量，目的是考察控制变量对因变量的作用。控制变量包括年龄、学历和工龄，主要是因为这些变量与工人的个人的知识、技能、经验等密切相关，可能在安全心理资本对安全行为影响机理的检验过程中存在干扰（侯二秀等，2013），因此将它们设置为控制变量。最后，再将自变量建筑工人安全心理资本放进回归方程中，以进行自变量对因变量的主效应检验。从表5-14可以看出，所有变量的VIF值都小于5，D-W值接近于2，表示数据不存在多重共线性和自相关问题。模型 R^2 值为0.252，意味着年龄、学历、工龄、安全心理资本可以解释安全行为 25.2%的变化原因。对模型进行 F 检验时发现模型通过 F 检验（F=219.352，p=0.000<0.001），也即说明年龄、学历、工龄和安全心理资本中至少一项会对安全行为产生影响关系。具体来说，建筑工人年龄（β=0.050，t=1.012，p=0.299>0.05）、学历（β=-0.009，t=-0.402，p=0.675>0.05）和工龄（β=-0.011，t=-0.375，p=0.708>0.05）对安全行为都没有显著影响。建筑工人安全心理资本对其安全行为具有显著的正向影响（β=0.455，t=14.811，p=0.000<0.01）。因此，建筑工人安全心理资本会对其安全行为产生显著的正向影响，假设 1 得到验证。

表5-14 安全心理资本对安全行为回归分析结果

	β	标准误	t	VIF	R^2	调整 R^2	F
常数	2.137***	0.131	16.304	—			
年龄	0.050	0.050	1.012	2.989			
学历	-0.009	0.021	-0.402	1.302	0.253	0.252	F(1646)=219.352, p=0.000
工龄	-0.011	0.029	-0.375	2.716			
安全心理资本	0.455***	0.031	14.811	1.000			

注：因变量为安全行为；D-W 值为 2.048；***表示 p<0.001。

3. 中介效应分析

假设 4 提出建筑工人安全动机中介安全心理资本对安全行为的影响。为了推导该假设，在假设 4 提出之前，分别提出了假设 2 建筑工人安全动机对其安全行为具有正向影响，以及假设 3 建筑工人安全心理资本对其安全动机具有正向影响。因此，利用层次回归方法，在 SPSS 26.0 中，依次对假设 2、假设 3、假设 4 进行检验。

首先，对假设 2 进行检验。将安全动机作为因变量放入回归方程中，再将性别、年龄、学历作为控制变量放入，最后将安全心理资本作为自变量放入，结果如表 5-15 模型 1 所示。模型 R^2 值为 0.053，意味着年龄、学历、工龄、安全心理资本可以解释安全动机 5.3%的变化原因。对模型进行 F 检验时发现模型通过 F 检验［F(4643)=9.077，p=0.000<0.001］，也即说明年龄、学历、工龄和安全心理资本中至少一项会对安全动机产生

显著影响关系。具体来说，建筑工人年龄（$\beta = -0.009$，$t = -0.414$，$p = 0.888 > 0.05$）、学历（$\beta = -0.020$，$t = -0.775$，$p = 0.439 > 0.05$）和工龄（$\beta = -0.001$，$t = -0.036$，$p = 0.971 > 0.05$）对安全动机都没有显著影响。建筑工人安全心理资本对其安全动机具有显著的正向影响（$\beta = 0.222$，$t = 5.946$，$p = 0.000 < 0.001$）。因此，建筑工人安全心理资本会对其安全动机产生显著的正向影响，假设2得到验证。

其次，对假设3进行检验。将安全行为作为因变量，将性别、年龄和学历作为控制变量，将安全动机作为自变量放入回归方程中，结果如表5-15模型2所示。模型 R^2 值为0.176，意味着年龄、学历、工龄、安全动机可以解释安全行为的17.6%的变化原因。对模型进行F检验时发现模型通过了F检验 [$F_{(4643)} = 34.313$，$p = 0.000 < 0.001$]，也即说明年龄、学历、工龄和安全动机中至少一项会对安全行为产生显著影响关系。具体来说，建筑工人年龄（$\beta = 0.023$，$t = 0.429$，$p = 0.255 > 0.05$）、学历（$\beta = -0.008$，$t = -0.357$，$p = 0.880 > 0.05$）和工龄（$\beta = -0.004$，$t = -0.139$，$p = 0.698 > 0.05$）对安全动机都没有显著影响。建筑工人安全动机对其安全行为具有显著的正向影响（$\beta = 0.389$，$t = 11.674$，$p = 0.000 < 0.001$）。因此，建筑工人安全动机会对其安全行为产生显著的正向影响，假设3得到验证。

表5-15　层次回归分析结果汇总

| | 安全动机 | | | 安全行为 | | | | | |
| | 模型1 | | | 模型2 | | | 模型3 | | |
	β	标准误	t	β	标准误	t	β	标准误	t
常数	3.184***	0.266	11.989	2.464***	0.227	10.864	1.100***	0.226	4.867
年龄	-0.009	0.061	-0.141	0.023	0.052	0.429	0.053	0.047	1.138
学历	-0.020	0.026	-0.775	-0.008	0.022	-0.357	-0.003	0.020	-0.151
工龄	-0.001	0.035	-0.036	-0.004	0.031	-0.139	-0.011	0.027	-0.388
安全心理资本	0.222***	0.037	5.946				0.391***	0.030	13.251
安全动机				0.389***	0.033	11.674	0.298***	0.030	9.791
R^2	0.053			0.176			0.353		

续表

	安全动机			安全行为					
	模型 1			模型 2			模型 3		
	β	标准误	t	β	标准误	t	β	标准误	t
调整 R^2	0.048			0.171			0.348		
F 值	$F(4643) = 9.077$, $p = 0.000$			$F(4643) = 34.313$, $p = 0.000$			$F(5642) = 70.021$, $p = 0.000$		

注：＊＊＊表示 p<0.001。

最后，对假设 4 进行检验，即检验安全动机在安全心理资本和安全行为关系中所起的中介作用。要检验安全动机的中介作用，Baron 和 Kenny（1986）所提出的因果逐步回归方法指出，需要三个步骤，且满足 3 个条件。

首先，检验自变量 X 对因变量 Y 的总效应，证明 X 是 Y 的显著预测因子，即：

$$Y = cX + e_1 \qquad (5-1)$$

其中，c 代表自变量 X 作用于因变量 Y 的效应，其必须具有显著性。

其次，检验自变量 X 对中介变量 M 的效应，证明 X 是 M 的显著预测因子，即：

$$M = aX + e_2 \qquad (5-2)$$

其中，a 代表自变量 X 对中介变量 M 的效应，a 必须具有显著性。

最后，检验控制了自变量 X 的影响之后，中介变量 M 对因变量 Y 的效应，证明将自变量 X 和中介变量 M 同时放入回归模型时，中介变量 M 是因变量 Y 的显著预测因子，即：

$$Y = c'X + bM + e_3 \qquad (5-3)$$

其中，b 代表控制了自变量 X 的影响后，中介变量 M 对因变量 Y 的效应，其必须具有显著性。而 c' 代表控制了 M 的作用后，自变量 X 对因变量 Y 的效应，如 c' 在统计上仍然显著，则将这种中介效应成为部分中介效应；若 c' 在统计上不再显著时，则称为完全中介效应。

本部分遵循 Baron 和 Kenny（1986）因果逐步回归方法的三个步骤对中介效应进行检验。在主效应分析中，已经证明了自变量安全心理资本对因变量安全行为的显著正向作用，即系数 c（β = 0.455，t = 14.811，p =

0.000<0.001）的显著性已经得到证实，满足条件1，在此不再赘述。在假设2的检验中，从表5-15的模型1可以看出，自变量安全心理资本对中介变量安全动机也具有显著的正向作用，即系数a（$\beta = 0.222$，$t = 5.946$，$p = 0.000<0.001$）的显著性也得到了证实，满足条件2。最后，采用层次回归的方法，将安全行为作为因变量，将性别、年龄和学历作为控制变量，将安全心理资本作为自变量，安全动机作为中介变量放入回归方程中，结果如表5-15模型3所示。模型R^2值为0.353，意味着年龄、学历、工龄、安全动机可以解释安全行为35.3%的变化原因。且该R^2值大于模型1和模型2中的R^2值，说明将安全心理资本和安全动机同时纳入回归方程后，对安全行为的变化的解释率有所增加。且回归方程的检验结果显著[$F(5642) = 70.021$，$p = 0.000<0.001$]。此外，从模型3中可以看出，在控制自变量安全心理资本的影响后，中介变量安全动机（$\beta = 0.298$，$t = 9.791$，$p = 0.000<0.001$）对安全行为的回归系数b具有显著性；此外，此时的安全心理资本对安全行为的回归系数c'（$\beta = 0.391$，$t = 13.251$，$p = 0.000<0.001$）明显低于条件1中的回归系数c，可以判断安全动机在安全心理资本和安全行为的关系中起中介作用，但由于c'仍具有显著性，因此该中介作用为部分中介。

目前，虽然初步证明了安全动机的部分中介作用，但是，大量学者认为因果逐步回归法的检验效能较低（温忠麟和叶宝娟，2014）。因此，为了确保研究结果的严密性，利用SPSS 26.0的PROCESS插件进一步对中介过程进行Bootstrap分析（Hayes，2017）。结果如表5-16所示。与上述层次回归分析的结果一致：第一，总效应c为0.455具有显著性；第二，安全心理资本对安全动机的回归系数a为0.222具有显著性；第三，控制安全心理资本后，安全动机对安全行为的回归系数b为0.298具有显著性，同时，控制安全动机影响之后，安全心理资比对安全行为的回归系数c'为0.391，也具有显著性。再次观察表5-16，a与b的乘积a×b表示中介效应值，即安全动机的中介效应为0.066，且95%置信区间为0.045~0.107，该区间不含0，说明中介效应显著。此外，a和b显著，且c'显著，而a×b与c'同号，因此，安全动机确实在安全心理资本和安全行为之间起部分中介作用。上述检测完成了中介作用检验，另外还可进一步分析效应占比，如表 5-16 所示，因为是部分中介，通过计算可以看出，安全动机的中介作用效应占比是 14.474%。也说明了建筑工人的安全心理资本会直接影响到其安全行为，也会通过安全动机的中介作用来影响其安全行为。因此建筑工人的安全动机部分中介了安全心理资本通过安全动机对安全行为的中介效应。由此，H4 得到验证。

表 5-16 安全动机中介作用 Bootstrap 检验结果

	c 总效应	a	b	a×b 中介效应	a×b (95% BootCI)	c' 直接效应	检验结论
安全心理资本→安全动机→安全行为	0.455***	0.222***	0.298***	0.066	0.045~0.107	0.391***	部分中介
中介作用效应量结果	公式 a×b/c=14.474						

注：*** 表示 p<0.001。

4. 有调节的中介效应分析

（1）风险感知有调节的中介效应分析。第一，分析风险感知的调节作用。本书假设 5 提出建筑工人风险感知正向调节安全心理资本和安全动机之间的关系。因此，本书首先利用多元层次回归的方法，在 SPSS 26.0 中，对风险感知的调节作用进行检验。首先，以安全动机作为因变量加入回归方程。其次，将所有控制变量（年龄、学历和工龄）加入回归方程，目的是考察控制变量对因变量的作用。再次，进行主效应检验，即将自变量（安全心理资本）和调节变量（风险感知）加入回归方程。最后，进行调节效应检验，即将自变量（安全心理资本）和调节变量（风险感知）的乘积项加入回归方程。值得注意的一点是，在计算乘积项之前需要将除因变量之外的所有连续变量进行均值中心化或者标准化处理，以消除多重共线性的影响。结果如表 5-17 所示。

模型 1 检验了安全心理资本和风险感知对安全行为的主效应，回归方程检验结果显著 $[F(5642)=21.007，p=0.000<0.001]$，其 R^2 值为 0.141，表明模型 1 对因变量安全动机变异量的解释为 14.1%。在模型 1 的基础上，模型 2 在回归方程中加入了风险感知和安全心理资本的乘积项，

以检验风险感知的调节作用。回归方程检验结果显著［$F(6641) = 17.904$，$p = 0.000 < 0.001$］，模型 2 解释了因变量安全动机 18.4% 的变异；与模型 1 相比，考虑了乘积项之后，模型 2 对安全动机的解释程度增加了 4.3%。同时，安全心理资本与风险感知乘积项的回归系数为 0.049（$t = 1.481$，$p = 0.039 < 0.05$），具有显著性。上述结果表明，风险感知在安全心理资本和安全动机的关系中起调节作用。

表 5-17　风险感知调节效应回归分析结果

| | 安全动机 | | | | | | | |
| | 模型 1 | | | | 模型 2 | | | |
	β	标准误	t	p	β	标准误	t	p
常数	4.087***	0.197	20.719	0.000	4.099***	0.197	20.781	0.000
年龄	−0.005	0.058	−0.086	0.932	−0.006	0.058	−0.102	0.918
学历	−0.014	0.024	−0.594	0.553	−0.015	0.024	−0.604	0.546
工龄	−0.006	0.034	−0.173	0.863	−0.006	0.034	−0.177	0.859
安全心理资本	0.181***	0.036	5.034	0.000	0.179***	0.036	4.985	0.000
风险感知	0.220***	0.027	8.069	0.000	0.212***	0.028	8.155	0.000
安全心理资本×风险感知					0.049*	0.033	1.481	0.039
R^2	0.141				0.184			
调整 R^2	0.134				0.136			
F 值	$F(5642) = 21.007$, $p = 0.000$				$F(6641) = 17.904$, $p = 0.000$			

注：*表示 $p < 0.05$，***表示 $p < 0.001$。

　　然而，交互项的系数并不能证明调节效应是增强调节作用，还是干涉调节作用。因此，为了更清楚和直观地展示风险感知在安全心理资本和安全动机关系中的调节作用，根据高出风险感知的平均值一个标准偏差、风险感知平均值及低出其平均值的一个标准偏差三个水平，计算出安全心理资本对安全动机影响的简单斜率，并绘制调节效应图，如图 5-1 所示。当风险感知较高时，随着安全心理资本的增加，安全动机的上升趋势显著（$B_{simple} = 0.237$，$t = 4.540$，$p < 0.01$）；当风险感知较低时，随着安全心理

资本的增加，安全动机的上升趋势也显著（Bsimple = 0.121，t = 2.240，p<0.05），但其幅度更小。因此，相比风险感知较低的工人，安全心理资本对高风险感知的工人安全动机的正向影响更大，即风险感知增强了安全心理资本对安全动机的正向影响。由此，假设 5 得到支持。

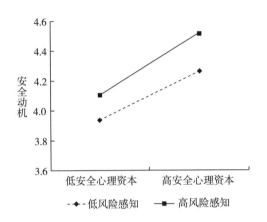

图 5-1　风险感知对安全心理资本和安全动机关系的调节作用

第二，分析风险感知的调节中介作用。本部分在假设 5 的基础上，提出了假设 6，即风险感知正向调节了安全动机在安全心理资本和安全行为关系中的中介作用。而在中介效应分析中，中介作用检验结果表明，建筑工人安全心理资本通过安全动机显著正向影响安全行为。而上述调节作用的检验结果表明，风险感知可以正向调节安全心理资本与安全动机之间的关系。因此，继续采用 SPSS 26.0 的 PROCESS 插件进行条件过程分析（Hayes，2020），即风险感知的第一阶段调节中介效应检验。主要需要检验调节变量在不同水平下，即风险感知平均值及分别高出三个变量一个标准差和低于平均值一个标准差的三个水平，安全动机的中介效应情况是否一致，差异性是否显著，检验结果如表 5-18 所示。在风险感知取平均水平时，Bootstrap 95% 置信区间为 0.028 ~ 0.084，不包括 0，也即说明在平均水平下，自变量对应变量影响时安全动机有着中介作用。在风险感知取低水平时，Bootstrap 95% 置信区间为 -0.027 ~ 0.120，包括 0，也即说明风险感知在低水平时，安全心理资本对安全行为的影响过程中安全动机不会有中介作用。在风险感知取高水平时，Bootstrap 95%置信区间为0.008~0.074，不包括0，也即说明风险感知在高水平时，安全心理资本对安全行为的影响过程中安全动机起到中介作用。综合可知，在风险感知取低水平时安全动机不会起中介作用，风险感知取平均水平或高水平时，安全动机均会起中介作用。三种水平时安全动机是否有中介作用的情况并不一致，同时，风险感知水平越高，安全动机的中介效应越强。因此，风险感知在安全心理资本—安全动机—安全行为的路径上，第一阶段调节中介作用存在，且风险感知越高，安全心理资本越能通过安全动机影响安全行为。由此，假设6得到支持。

表5-18　风险感知调节中介作用检验结果

中介变量	水平	Effect	BootSE	BootLLCI	BootULCI
安全动机	低水平（-1SD）	0.036	0.017	-0.027	0.120
	平均值	0.053	0.014	0.028	0.084
	高水平（+1SD）	0.071	0.024	0.008	0.074

注：BootLLCI指Bootstrap抽样95%区间下限，BootULCI指Bootstrap抽样95%区间上限。

（2）安全管理氛围有调节的中介效应分析。第一，分析安全管理氛围的调节作用。本部分假设7提出安全管理氛围正向调节安全心理资本和安全动机之间的关系。因此，本部分首先利用多元层次回归的方法，对安全管理氛围的调节作用进行检验。与风险感知的检验流程一样，对所有连续变量进行中心化处理，然后将相应的变量放入回归方程中。结果如表5-19所示。

模型1检验了安全心理资本和安全管理氛围对安全行为的主效应，回归方程检验结果显著［$F_{(5642)}=27.346$，$p=0.000<0.001$］，其R^2值为0.175，表明模型1对因变量安全动机变异量的解释为17.5%。在模型1的基础上，模型2在回归方程中加入了安全管理氛围和安全心理资本的乘积项，以检验安全管理氛围的调节作用。回归方程检验结果显著［$F_{(6641)}=24.222$，$p=0.000<0.001$］，模型2解释了因变量安全动机19.6%的变异，与模型1相比，考虑了乘积项之后，模型2对安全动机的解释程度增加了

2.1%。同时，安全心理资本与安全管理氛围乘积项的回归系数为0.109（t=2.696，p=0.007<0.01），具有显著性。上述结果表明，安全管理氛围在安全心理资本和安全动机的关系中起调节作用。

表5-19　安全管理氛围调节效应回归分析结果

	安全动机							
	模型1				模型2			
	β	标准误	t	p	β	标准误	t	p
常数	4.166***	0.193	21.554	0.000	4.202***	0.193	21.793	0.000
年龄	-0.071	0.057	-1.24	0.215	-0.066	0.057	-1.171	0.242
学历	-0.009	0.024	-0.358	0.721	-0.009	0.024	-0.377	0.707
工龄	0.029	0.033	0.87	0.385	0.026	0.033	0.789	0.43
安全心理资本	0.111**	0.041	0.268	0.008	0.108*	0.041	0.19	0.049
安全管理氛围	0.268***	0.048	9.752	0.000	0.247***	0.048	9.239	0.000
安全心理资本× 安全管理氛围					0.109**	0.04	2.696	0.007
R^2	0.175				0.196			
调整R^2	0.169				0.177			
F值	F（5642）=27.346，p=0.000				F（6641）=24.222，p=0.000			

注：*表示p<0.05，**表示p<0.01，***表示p<0.001。

为了更清楚和直观地探索安全管理氛围在安全心理资本和安全动机关系中的调节作用，依然根据上述方法，即根据高出安全管理氛围的平均值一个标准偏差、安全管理氛围平均值及低出其平均值的一个标准偏差三个水平，计算出安全心理资本对安全动机影响的简单斜率，并绘制调节效应图，如图5-2所示。从图5-2中可以看出，当安全管理氛围水平较高时，随着安全心理资本的增加，工人安全动机水平的上升趋势显著（Bsimple=0.192，t=1.811，p<0.05）；当安全管理氛围水平较低时，随着安全心理资本的增加，安全动机的上升趋势也显著（Bsimple=0.024，t=1.462，p<0.05），但其幅度更小。由此可见，相比较低的安全管理氛围水平，在较高的安全管理氛围水平之下，安全心理资本对工人安全动机的正向影响

更大，即安全管理氛围增强了安全心理资本对安全动机的正向影响。由此，假设 7 得到支持。

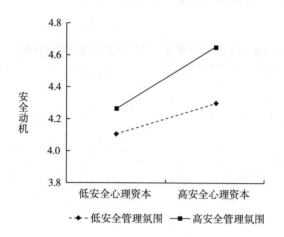

图 5-2　安全管理氛围对安全心理资本和安全动机关系的调节作用

第二，分析安全管理氛围的调节中介作用。本部分在假设 7 的基础上，提出了假设 8，即安全管理氛围正向调节了安全动机在安全心理资本和安全行为关系中的中介作用。在中介效应分析中，中介作用检验结果表明，建筑工人安全心理资本通过安全动机显著正向影响安全行为。而上述调节作用的检验结果表明，安全管理氛围可以正向调节安全心理资本与安全动机之间的关系。因此，继续采用 SPSS 26.0 的 PROCESS 插件进行条件过程分析，即安全管理氛围的第一阶段调节中介效应检验。检验结果如表 5-20 所示。

在调节变量安全管理氛围取平均水平时，Bootstrap 95% 置信区间为 0.002~0.025，不包括 0，也即说明平均水平下，自变量对因变量影响时安全动机起着中介作用。在安全管理氛围取低水平时，Bootstrap 95% 置信区间为 -0.005~0.056，包括 0，也即说明安全管理氛围在低水平时，安全心理资本对安全行为的影响过程中安全动机不会有中介作用。在取高水平时，Bootstrap 95% 置信区间为 0.049~0.080，不包括 0，也即说明安全管理氛围在高水平时，安全心理资本对安全行为的影响过程中安全动机有着中介作用。综合可知，在安全管理氛围取低水平时安全动机不会起中介作用，安全管理氛围取平均水平或高水平时，安全动机会起中介作用。三种水平时安全动机是否有中介作用的情况并不一致。同时，安全管理氛围水平越高，安全动机的中介效应也越大。因此，安全管理氛围在安全心理资本—安全动机—安全行为的路径上，第一阶段调节中介作用存在，且安全管理氛围越高，安全心理资本越能通过安全动机影响安全行为。由此，假设 8 得到支持。

表 5-20　安全管理氛围调节中介作用检验结果

中介变量	水平	Effect	BootSE	BootLLCI	BootULCI
安全动机	低水平（-1SD）	0.007	0.015	-0.005	0.056
	平均值	0.032	0.012	0.002	0.025
	高水平（+1SD）	0.057	0.015	0.049	0.080

注：BootLLCI 指 Bootstrap 抽样 95% 区间下限，BootULCI 指 Bootstrap 抽样 95% 区间上限。

（3）工作压力源有调节的中介效应分析。第一，分析工作压力源的调节作用。本部分假设 9 提出工作压力源负向调节安全动机和安全行为之间的关系。因此，本部分仍然采用上述方法，对工作压力源的调节作用进行检验。首先，对所有连续变量进行中心化处理，然后以安全行为作为因变量加入回归方程。其次，加入所有控制变量（年龄、学历和工龄）。再次，将自变量（安全动机）和调节变量（工作压力源）加入回归方程，以检验主效应。最后，将自变量（安全动机）和调节变量（工作压力源）的乘积项加入回归方程，以检验调节效应。结果如表 5-21 所示。

模型 1 检验了安全动机和工作压力源安全行为的主效应，回归方程检验结果显著（$F_{(5642)} = 28.264$，$p = 0.000 < 0.001$），其 R^2 值为 0.180，表明模型 1 对因变量安全行为变异量的解释为 18.0%。在模型 1 的基础上，模型 2 在回归方程中加入了安全动机和工作压力源的乘积项，以检验工作压力源的调节作用。回归方程检验结果显著［$F_{(6641)} = 26.773$，$p = 0.000 < 0.001$］，模型 2 解释了因变量安全行为 20.0% 的变异，与模型 1 相比，考虑了乘积项之后，模型 2 对安全行为的解释程度增加了 2.0%。同

时，安全动机和工作压力源乘积项的回归系数为 -0.120（ $t=-4.002$ ，$p=0.000<0.001$ ），具有显著性。上述结果表明，工作压力源在安全动机和安全行为的关系中起调节作用。

表 5-21　工作压力源调节效应回归分析结果

| | 安全行为 | | | | | | | |
| | 模型 1 | | | | 模型 2 | | | |
	β	标准误	t	p	β	标准误	t	p
常数	4.007***	0.179	22.398	0.000	3.952***	0.177	22.279	0.000
年龄	0.023	0.052	0.439	0.661	0.015	0.052	0.290	0.772
学历	-0.007	0.022	-0.31	0.757	-0.006	0.022	-0.265	0.791
工龄	-0.004	0.031	-0.132	0.895	0.004	0.03	0.140	0.889
安全动机	0.360***	0.037	9.857	0.000	0.408***	0.038	10.726	0.000
工作压力源	-0.050*	0.027	-1.878	0.041	-0.007*	0.03	-0.229	0.019
安全动机×工作压力源					-0.120***	0.03	-4.002	0.000
R^2	0.180				0.200			
调整 R^2	0.174				0.193			
F 值	$F(5642)=28.264$ ，$p=0.000$				$F(6641)=26.773$ ，$p=0.000$			

注：＊表示 $p<0.05$ ，＊＊＊表示 $p<0.001$ 。

　　为了更清楚和直观地展示工作压力源在安全动机和安全行为的关系中的调节作用，依然根据上述方法，即根据高出工作压力源的平均值一个标准偏差、工作压力源平均值及低出其平均值的一个标准偏差三个水平，计算出安全动机对安全行为影响的简单斜率，并绘制调节效应图，如图 5-3 所示。从图 5-3 可以看出，当工作压力源水平较高时，随着安全动机水平的提高，工人安全行为水平的上升趋势显著（Bsimple=0.265，t=6.136，p<0.001）；当工作压力源较低时，随着安全动机水平的提高，安全行为的上升趋势也显著（Bsimple=0.551，t=9.199，p<0.001），但其幅度更大。由此可见，相比较高的工作压力源，在较低的工作压力源之下，安全动机

对工人安全行为的正向影响更大，即工作压力源阻碍和限制了安全动机对安全行为的正向影响。由此，假设9得到支持。

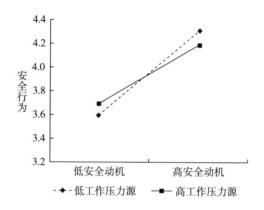

图5-3　工作压力源对安全动机和安全行为关系的调节作用

第二，分析工作压力源的调节中介作用。本部分在假设9的基础上，提出了假设10，即工作压力源负向调节了安全动机在安全心理资本和安全行为关系中的中介作用。中介作用检验结果表明，建筑工人安全心理资本通过安全动机显著正向影响安全行为。而上述调节作用的检验结果表明，工作压力源可以负向调节安全动机与安全行为之间的关系。因此，继续采用SPSS 26.0的PROCESS插件进行条件过程分析，对工作压力源单层次第二阶段调节中介效应进行检验。

检验结果如表5-22所示。在调节变量工作压力源取平均水平时，Bootstrap 95%置信区间为0.041~0.106，不包括0，也即说明在平均水平下，自变量对因变量影响时的安全动机有着中介作用。在工作压力源取低水平时，Bootstrap 95%置信区间为0.054~0.144，不包括0，也即说明工作压力源在低水平时，安全心理资本对安全行为影响过程中安全动机的中介作用显著。在工作压力源取高水平时，Bootstrap 95%置信区间为0.023~0.076，不包括0，也即说明工作压力源在高水平时，安全心理资本对安全行为影响过程中安全动机仍有显著的中介作用。虽然工作压力源在三种水平下，安全动机的中介效应情况没有显著差异，但是其调节中介效应指标

（Index of Moderated Mediation）为-0.021，且该指标的Bootstrap 95%置信区间为-0.036~-0.008，不包括0，即表明该指标显著。Hayes（2015）表明，当该指标显著时，就表示调节中介效应显著；而其值为负，即工作压力源越低，安全动机的中介作用反而越强。综合可知，工作压力源在安全心理资本—安全动机—安全行为的路径上，第二阶段调节中介作用存在，且工作压力源越高，安全心理资本通过安全动机影响安全行为的效应越弱。由此，假设10得到支持。

表5-22　工作压力源调节中介作用检验结果

中介变量	水平	Effect	BootSE	BootLLCI	BootULCI
安全动机	低水平（-1SD）	0.096	0.023	0.054	0.144
	平均值	0.071	0.017	0.041	0.106
	高水平（+1SD）	0.046	0.014	0.023	0.076

注：BootLLCI指Bootstrap抽样95%区间下限，BootULCI指Bootstrap抽样95%区间上限。

第三节　研究结果与启示

一、研究结果

1. 假设检验结果

本章采用实证研究方法检验建筑工人安全心理资本对其安全行为的影响机理，共讨论了四个问题：建筑工人安全心理资本对其安全行为的影响是什么？其影响会通过怎么样的中间过程？风险感知、安全管理氛围和工作压力源在安全心理资本对其安全行为的影响过程中是否发生影响？其影响机制又如何？针对这四个问题，本章提出了相应的理论模型和研究假设。为了验证理论模型，本章用层次回归分析、Bootstrap法等方法对假设进行了检验，结果表明，大多数假设得到支持，而某些假设未得到验证。本章假设检验结果汇总如表5-23所示。

表 5-23　假设检验结果汇总

假设编号	假设内容	检验结果
H1	安全心理资本对安全行为有正向影响	支持
H2	安全心理资本对安全动机具有正向影响	支持
H3	安全动机对安全行为具有正向影响	支持
H4	安全心理资本通过安全动机的中介作用正向影响安全行为	支持
H5	风险感知正向调节安全心理资本与安全动机之间的关系	支持
H6	风险感知正向调节安全动机对安全心理资本和安全行为关系的中介作用	支持
H7	安全管理氛围正向调节安全心理资本与安全动机之间的关系	支持
H8	安全管理氛围正向调节安全动机对安全心理资本和安全行为关系的中介作用	支持
H9	工作压力源负向调节安全动机与安全行为之间的关系	支持
H10	工作压力源负向调节安全动机对安全心理资本和安全行为关系的中介作用	支持

2. 主效应结果

本章检验了建筑工人安全心理资本对其安全行为的影响，结果证明，建筑工人安全心理资本对安全行为（$\beta = 0.455$，$p < 0.001$）具有显著的正向影响。这说明，建筑工人的安全心理资本的确对其安全行为水平具有促进作用，通过提高建筑工人的安全心理资本，可以有效提高他们的安全行为水平，进而提升安全绩效。这是由于安全心理资本较高的工人，其警惕性会更高，更会关注环境中的不安全因素，因为知道不安全因素的存在，对安全防护用品佩戴、安全操作规程等安全程序的认识也更到位，明白它们可以保护自己，会在未被要求的情况下，对不安全因素进行及时处理，以保证自身和作业现场安全。同时，其所具有的安全信念使其对安全态度更为积极乐观，认为安全是可以通过努力达到的，其安全目标明确，并愿意为了达到安全目标而努力，因而愿意遵守安全相关的规定，并且其拥有相应的方法和途径，当发现方法不合适时，会自发地改变和调整方法，以达到安全目标，解决安全问题。此外，安全心理资本水平较高的工人对自身是否能进行安全作业，以及能否为工作场所的安全做出贡献都保持一定的自信；与此同时，其宜人性更高，对安全管理更具有顺从性，在愿意服从组织和领导的管理的同时，也更乐于与他人建立和谐的关系，积极融入安全氛围。而开放性也是具有安全心理资本的工人所具有的重要心理能力，

这使其拥有更强的灵活性，愿意接受新事物，能够迁移和综合安全经验、知识等，并根据具体的情况改变自身的策略，进而更好、更优地遵守安全规则，并参与到安全相关活动中。最后，韧性也是工人安全心理资本的重要构成要素之一，具有韧性的工人，能够面对伤害、压力等不利因素和困境，并能从困境中总结经验教训，快速恢复。这些心理能力对其安全表现有较好的影响，且以往研究已经证明心理资本各维度协同对安全工作结果产生影响（Ferradás et al.，2019），因此安全心理资本对安全行为具有积极影响。

3. 中介效应结果

建筑工人自我决定型安全动机对安全行为的直接作用分析结果显示，建筑工人安全动机对安全行为（β=0.389，p<0.001）具有显著正向作用，这证明了安全行为不仅受到安全动机水平和强度的影响，各类自我决定型安全动机也会共同对安全行为产生积极影响，是安全行为的直接影响因素之一。因为当工人具有较高的自主动机水平时，建筑工人会将工作安全与自身价值观统一化，将保证作业中的安全当作一种有乐趣的挑战和信念，从内心认同工作安全的重要性和关键性，发挥其主观能动性，除分内的安全工作外，还非常重视改善作业场所安全、帮助工友进行安全工作等角色外的安全工作，自觉主动地执行更多安全遵守行为和安全参与行为。同时，受控安全动机较高的工人也会为了避免出现内疚、惭愧等情绪，或是为了避免外部惩罚、获得奖励等，被动地遵守安全相关规则，进而参与到安全相关任务、活动中。

建筑工人安全心理资本对安全动机的直接作用检验结果表明，建筑工人安全心理资本对安全动机（β=0.222，p<0.001）具有显著的正向影响。这说明，安全心理资本水平的提高，有利于工人安全动机水平的激发。具有安全心理资本的工人，由于其自身具有较高水平的安全心理能力和素质，能够更好地运用安全知识、技能等对具体问题进行解决，对安全具有自主主导性，能够较好地实现安全目标，还能够帮助他人，在安全工作中也较容易与他人建立良好关系，从而满足自主、胜任和关系三大心理需求，激发自主动机；此外，其安全意识较强，会因为自身在安全上的缺失而感到愧疚，对外部安全奖励、惩罚等，甚至是他人的认可、鼓励、期望、批评

等都更为敏感，从而也会受到较强的外部激励，其受控动机也更强，由此产生更高的安全行为动机水平。

对于安全动机在安全心理资本和安全行为之间的中介作用，层次回归分析的结果显示，在控制安全心理资本的影响之后，安全动机对安全行为仍具有显著的正向影响（β=0.298，p<0.001），而此时安全心理资本对安全行为的回归系数为0.391（p<0.001），仍具有显著性，但其效应值明显低于不控制安全动机的影响时的回归系数，因此，初步判定安全动机在安全心理资本和安全行为的关系中起部分中介作用。然后，通过Bootstrap检验，进一步证实，安全动机的中介效应值的中介作用检验结果表明，建筑工人安全动机的中介效应95%置信区间为0.045~0.107，不含0，其效应值为0.066，中介作用效应占比是14.474%，证明安全动机在安全心理资本对安全行为的影响过程中起部分中介作用。由此可知，安全心理资本不仅可以直接影响工人的安全行为，还能通过安全动机来间接影响安全行为，因此在关注安全心理资本的同时，关注安全动机的提高对安全行为也很重要，这样才能更好地使工人进行更多的安全行为。

4. 有调节的中介效应结果

首先，风险感知调节安全心理资本和安全动机之间关系的结果表明，不管是风险感知处于高水平还是低水平，其对安全心理资本和安全动机之间的关系都存在调节作用，即风险感知增强了安全心理资本对安全动机的正向影响，对安全动机的激发具有积极的作用。其次，风险感知调节安全动机在安全心理资本对安全行为影响的中介效应的研究结果表明，风险感知可以正向调节安全动机在安全心理资本对安全行为影响的中介作用，且当风险感知处于低水平时，安全动机的中介效应不显著。当建筑工人风险感知处于高水平时，突出了安全动机将安全心理资本和安全行为联系起来的中间机制。由此可见，风险作为建筑工人作业环境中的一个不可避免的重要威胁因素，较低的风险感知水平可能是导致建筑工人安全动机和安全行为不高的一个重要原因（Man et al.，2017）。对于风险感知较高的工人来说，感觉到自身的安全工作条件越苛刻时，其自有资源安全心理资本对动机的激发水平越高，安全心理资本会更多地激发其安全动机，这种激发作用将进一步提高其安全行为，提升安全绩效。

安全管理氛围对安全心理资本和安全动机之间关系的调节作用检验结果表明，不管是安全管理氛围处于高水平还是低水平，其对安全心理资本和安全动机之间的关系都存在调节作用，即安全管理氛围扩大了安全心理资本对安全动机的正向影响，对安全动机的激发具有积极的作用。此外，安全管理氛围调节安全动机在安全心理资本对安全行为影响的中介效应的研究结果表明：安全管理氛围可以正向调节安全动机在安全心理资本对安全行为影响的中介作用，且在安全管理氛围处于低水平时，安全动机的中介作用不显著。较高的安全管理氛围突出和强化了安全动机将安全心理资本和安全行为联系起来的中间机制。由此可见，在安全管理氛围水平较高的情况下，工人感觉到的安全期望、要求、目标等安全工作要求的挑战性也将越高，其自有资源安全心理资本对动机的激发达到更高水平，也就是说，其安全心理资本能得到更好的利用，进而促进自身安全行为水平的提高（Griffin and Neal，2000；Neal and Griffin，2006）。

工作压力源对安全动机和安全行为之间关系的调节作用检验结果表明，不管是工作压力源处于高水平还是低水平，其对安全动机和安全行为之间的关系都存在调节作用，即工作压力源阻碍和限制了安全动机对安全行为的正向影响，对安全行为意向和动机向实际安全行为的转变产生了消极影响。然后，工作压力源调节安全动机在安全心理资本对安全行为影响的中介效应的研究结果表明：工作压力源可以负向调节安全动机在安全心理资本对安全行为影响的中介作用。说明当工作压力源较高时，即使工人已经产生了进行安全行为的动机和意向，但是由于工作目标对自身精力资源的消耗，自我控制能力降低，工人将安全动机向实际安全行为转化的过程受到了限制，负面影响了安全心理资本对安全行为的动机激发过程。

二、研究启示

（1）长期以来，建筑工人由于自身对心理需求和状态的不关注，以及所处的工作环境对安全硬性技能、知识的强调，其安全心理资本水平普遍较低。然而，本章表明建筑工人安全心理资本对安全行为具有显著的积极作用，并且安全心理资本的提高还能促进安全动机的提升。这启示建筑项目各方都应该重视建筑工人安全心理资本的培养以达到提升安全水平的目的。首先，建设单位、总包单位及分包单位，都应该重视建筑工人的安全心理资本，特别是作为建筑项目甲方的建筑单位，为项目提供资金，在项目的各方面导向中都具有很高的话语权，应该提出对工人安全心理资本培养有所要求的诉求，要求在施工项目的培训中含有对安全心理资本的培训，以激励建筑项目的管理者及进行实际作业的班组愿意在这方面做出努力。其次，建筑项目工地是以上项目各方与建筑工人建立直接联系的地方，工人的正式及非正式培训都将在工地上进行。但目前，项目进行的安全法律法规、安全技术规程等培训主要集中在技术和生理层面，忽视了建筑工人心理素质的培训。因此，项目上可以制定并贯彻实施与工人的心理健康和安全相关的政策、实践和程序，从制度、投入等方面加强对工人安全心理资本开发、培养及测评的重视和关注。如根据本书安全心理资本的内涵及其包含的六大心理素质（警惕性、开放性、宜人性、韧性、安全信念、安全自我效能），制定工人安全心理资本评价标指标体系，以在工人进场前、培训后，以及任务量较大、工期较短或者是节后返工等容易出现安全违规甚至事故的特殊节点，对工人的安全心理资本水平进行评估，根据评估结果可以做出相应的干预，比如通过停工半天来调整心态等；还可以设计和制定可行、有效的安全心理资本培训、改善和反馈方案，形成安全心理资本开发和改善的一般性流程，形成安全心理资本培训规范，适度培养和引导工人安全心理资本，使其自发进行安全的自我调节，优先考虑安全目标，权衡其与生产目标的关系，合理处理工作压力源，将工作压力源可能带来的负面的影响降低到最低。

（2）建筑项目各方除开发和培养建筑工人安全心理资本外，还应该考虑如何提高工人的安全动机水平，提高其风险感知能力，营造积极的安全管理氛围。本章发现，建筑工人的安全动机能够部分中介建筑工人安全心理资本和安全行为之间的关系，由此可见，安全心理资本对安全行为的正向影响有相当一部分是通过安全动机进行的。那么在这种情况下，如果只提高工人的安全心理资本可能达不到最好的效果，还需要运用提高建筑工人安全动机的管理措施和手段，将安全心理资本对安全行为的作用效果发挥到最大，这将有利于基于心理资本的积极组织行为在安全领域的开展。就建筑工人的实际情况来说，通过劳动换取报酬的生存需求是更重要的内在需求，而安全需求相对次要，因此其安全动机普遍不高，对待安全的态度也不够积极，认为安全不能为自己带来利益。建筑项目组织应尽可能地帮工人认识到安全的重要性，不仅要通过教育、宣传等方法使其认识到重要性，更要采用切实有效的措施将项目的安全目标、价值观与工人的切身利益联系起来，逐渐将工人的安全动机内化，进而使工人自发地产生更好的安全行为表现。此外，本章证实了风险感知、安全管理氛围对安全心理资本对安全行为动机激发过程的增强作用，由此可见，提高工人的风险感知、提升项目的安全管理氛围水平也是提升安全动机，进而提高工人安全表现的行之有效的手段。在风险感知方面，项目可以通过事故数据通报使工人认识到安全风险、事故离自身并不遥远，通过事故案例分享、讨论等使其意识到风险一旦成为现实，产生后果的严重性；加强安全教育、培训，使其能正确预判和辨识风险，并掌握应对风险的技能等。而在安全管理氛围方面，管理层可以尽可能从人力、物力、财力角度提高安全工作所需要的设备、资源等，增加安全投入，增加安全会议、培训、活动、比赛等的频率和花样，建设安全文化长廊等，切实让工人感受到安全目标在项目中的优先级和重要性，从而提升安全管理的效力。

（3）工作压力源被视为生产经营部门不可避免的安全干预因素之一，其在建筑部门尤为突出，本章也证实了其对安全动机向实际行为转化的限制作用。因此，建筑项目应该适当控制工作压力源，将工作压力源控制在合理的范围内，从根本上适度平衡工作目标与安全目标之间的冲突。第一，建筑项目各方，特别是拥有较高话语权的建设单位，应当在可接受的范围内，允许更高的安全成本、更长的生产周期，制定更为合理的生产目标，尽力为工人改善劳动环境，从根本上缓解生产与安全的冲突；第二，建筑项目组织及工人的直接管理者（班组长）可以通过分配适当的工作量和工作责任给工人，避免让建筑工人处理较多的琐事，任务的安排与制定最好集中化、整体化，从而帮助工人将工作压力源控制在合理的范围；第三，班组长等还可以指导和帮助工人，进行人性化管理，例如制定明确的制度，使工人能在状态不好时带薪请假半天以调整状态，从而缓解工作压力；第四，管理者还可以通过培养工人合理安排时间、工序和任务的技能，使其能够更好地应对生产任务的压力；第五，管理者制定更为合理的管理制度，如在可行范围内为工人提供更多保障，设置明确的工作目标和计划，在班组内进行轮岗制度（如建立工友间的互助机制，使其能在状态不好时，与互助的工友相互分担任务，但又不影响各自的收益）等都可以有效地管理工作压力源。

第四节　本章小结

本章就建筑工人安全心理资本对其安全行为的影响机理进行了实证研究，主要分为三个部分：第一，在国内外相关成熟量表的基础上，设计和编制了建筑工人安全动机、安全行为、风险感知、安全氛围和工作压力源量表，形成了本章的初始问卷。首先，通过小样本预调查，对问卷的可靠性和有效性进行了测试。通过数据分析的结果，删除了一些与研究变量无关的题项，并形成了正式问卷。其次，对正式问卷进行大样本正式调查，使用正式的调查数据来检验量表的可靠性，并使用验证性因子分析来进一步检验量表的结构效度和区别效度。分析结果表明，正式问卷的所有量表均具有良好的信度和效度。最后，对问卷进行了同源方法偏差检验和正态性检验，为后续研究做好基础。第二，使用层次回归分析和 Bootstrap 法相结合的方法，对本章提出的假设进行检验。首先，利用层次回归分析对安全心理资本对安全行为的影响进行了检验，研究结果显示安全心理资本对安全行为具有显著正向影响。其次，在此基础上，采用层次回归分析法和Bootstrap 法相结合的方法，进一步检验了安全动机的中介作用。分析结果表明，安全心理资本通过安全动机显著正向影响安全行为。最后，检验了风险感知、安全管理氛围和工作压力源在安全心理资本影响安全行为过程中的调节作用，研究结果显示，风险感知和安全管理氛围的第一阶段调节作用及调节中介作用均得到了支持，而工作压力源的第二阶段调节作用和调节中介作用也得到了支持。第三，对假设检验结果进行了分析和讨论，并最终得出相应的管理启示。此外，本章主要采用实证分析方法从静态视角验证了建筑工人安全心理资本对安全行为的影响机理，确定了相关研究变量间的作用关系。为第六章从动态和整体系统视角，采用系统动力学仿真方法对建筑工人安全心理资本对安全行为影响机理这一复杂系统的影响因素之间的交互作用提供了一定的理论支持。

第六章

基于安全心理资本的建筑工人安全行为优化策略研究

第四章和第五章在工作要求—资源理论的基础框架下,结合资源保存理论、自我损耗理论,以及保护动机理论、计划行为理论和三元交互决定论,构建并实证验证了建筑工人安全心理资本、风险感知、安全管理氛围和工作压力源与建筑工人安全行为的关系。但是,基于截面数据的静态实证研究并未反映出建筑工人安全行为在安全心理资本影响下发生的动态性演化规律,多因素交互、有反馈的复杂系统特点也未得到体现。因此,本章在前面实证研究的基础上,首先,采用系统动力学(SD)仿真方法,建立基于安全心理资本的建筑工人安全行为影响机理系统模型,并分析主要的因果反馈回路,进而分析建筑工人安全行为的动态变化规律。其次,通过对系统模型中相关参数的调整,对比安全心理资本与安全管理氛围在系统中对安全行为的不同作用,以及不同安全心理资本要素投入对安全行为所产生的不同影响效果,从而提出基于安全心理资本的建筑工人安全行为优化策略,进而对建筑项目的安全绩效进行提升。

第一节　模型构建的目的和边界

一、模型构建的目的

第五章已经证明了建筑工人安全心理资本通过安全动机对其安全行为

的影响，并且，该作用过程会受到风险感知、安全管理氛围、工作压力源等工作要求的影响。然而，建筑工人安全心理资本对其行为的影响具有复杂性、内隐形、非线性等特点，而人的行为不仅会随着各种内外部条件的影响而变化，也会对各种内外部条件产生直接或间接的影响。

首先，人的行为的产生过程是复杂的，有可能是在某一种外在或内在因素的刺激下所产生的，也可能是多种内外刺激因素综合作用所引起的。而这些内外刺激因素之间，有些可能相互独立，而大多数都或多或少地相互联系。行为的发生跟行为人本身有着直接的联系，人本身的性格特质、环境因素等对行为的影响都有专门的研究。此外，人的行为不仅受到这些因素的影响，例如，安全行为的实践也可以直接或间接地影响安全管理氛围、安全心理资本等，因此这些因素是交互影响、有反馈的。其次，安全心理资本的作用具有内隐性和长期性。Peterson 等（2011）通过纵向研究发现，心理资本是随着时间的推移对员工绩效进行正向促进的，证明心理资本对员工绩效的影响存在一定的时滞性效果。这说明安全心理资本对行为的影响不是一蹴而就的，而是潜移默化的。安全心理资本也不是突然获得的，而是在长时间的安全工作过程中，被有意识或无意识地开发，慢慢积累增加的，其在什么情况下、什么时间会起到更大的作用都是值得探讨的话题。最后，安全心理资本是人的一种内在心理能力和资源，其对行为的影响不仅如第五章实证研究所述，会受到外部工作要求的影响，其自身的使用和积累对这些外部工作要求也会产生影响，进而对行为产生直接或间接的影响，因此该作用机理是动态的、复杂的、有反馈的、多种因素交互作用在一起的，不能割裂地分析。

由此可见，基于安全心理资本的建筑工人安全行为作用机制系统具有动态性、反馈性、长期性等特点，很难用截面数据准确地研究和描述。而Forrester 教授于 1956 年所提出的系统动力学（SD）正是一种研究系统动态行为的计算机仿真技术，其综合了系统论、控制论、信息论，能够帮助学者认识与解决系统问题，是适用于高度非线性、高阶次、多变量、多重反馈复杂系统的一种定量研究方法。同时，该方法允许对模型的相关参数进行修改，或增减必要因素以建立有差别的系统进行对比，以模拟研究复杂系统的功能与行为之间动态、非线性、复杂的相互作用关系，从而得出相应的研究结果。

因此，本章采用系统动力学的方法，构建系统动力学模型以达到对建筑工人安全心理资本影响其安全行为的作用过程、效果仿真和系统分析，最终提出基于安全心理资本的建筑工人安全行为优化策略的目的。即①观测分析建筑工人安全行为的动态发展趋势。在工作要求—资源理论的基本框架下，构建建筑工人安全行为影响因素对其影响的系统模型，求证建筑工人安全行为水平的变化是一个长期、动态，且受多种工作要求、资源、个人资源交互影响的过程。本章对建筑工人安全行为 SD 模型进行仿真模拟，动态观测其在一定时期内的发展趋势，进而评价当前的建筑工人安全行为水平及为后续基于安全心理资本的安全行为优化策略提供参考。②确定建筑工人安全心理资本和安全管理氛围对其安全行为影响作用的差异。在系统中，对比安全心理资本的安全管理方式和传统的安全管理氛围的安全管理方式，即调整安全心理资本和安全管理氛围相关参数，将安全行为水平仿真结果进行对比分析，明确两者影响效果的差异，进一步确定建筑工人安全心理资本的重要作用，为基于安全心理资本的安全行为优化策略奠定基础。③在确定了安全心理资本的重要作用的情况下，通过修改安全心理资本相关参数，对比不同安全心理资本要素改变方案下，建筑工人安全行为水平的变化趋势。通过对比分析不同方案下建筑工人安全行为水平的变化，探索建筑工人安全心理资本提高的优化原则和策略，为建筑工人安全心理资本开发和干预提供一定的参考，从而能够在相对较短的时间内提高工人的安全行为水平，最终提高建筑项目的安全绩效水平，减少、预防事故的发生。

二、模型边界确定

该模型是在第五章所证明的建筑工人安全心理资本对其安全行为的影响机制模型的基础上，在工作要求—资源理论的基础框架下，结合其他相关理论和文献，进一步研究建筑工人安全心理资本对其安全行为的影响过程及结果。基于工作要求—资源理论，个人资源不仅与工作要求及个人内在的状态有着重要的关联，与工作资源也有着重要的联系，而社会支持一直被视为一种重要的工作资源进行研究，因此为了建立相对更全面的系统，本章继续在该理论视角下，在第五章的基础上，将安全社会支持纳入该系统，沿着个人资源—工作资源和要求—个人状态—行为结果的理论逻辑，对建筑工人安全心理资本、安全社会支持、风险感知、安全管理氛围、工作压力源、安全动机及安全行为进行更为全面的系统模型分析与构建。

　　本章建立的 SD 模型是在第五章实证分析的基础上，在工作要求—资源理论的框架下，基于安全心理资本通过安全动机对其安全行为的激发路径进行确定的。在该模型中，安全心理资本、安全社会支持、风险感知、安全管理氛围、工作压力源是影响工人安全行为的重要来源，不考虑其他因素对建筑工人安全行为水平的影响。此外，除系统所列影响因素，暂不考虑系统之外的干扰因素。

第二节　系统模型构建与分析

一、系统因果回路构建与分析

　　根据第五章中对各变量结构的设计、描述和验证，以及实证研究结果，在工作要求—资源理论的基本框架下，结合资源保存理论、自我损耗理论等其他相关理论和相关文献，首先，分析出变量的子系统，进而最终构建出基于安全心理资本的建筑工人安全行为影响作用机理的系统，基于 SD 因果反馈原理，建立了建筑工人安全心理资本对其安全行为影响机理系统的因果作用关系，明确表示出各因素的正向、负向作用，如图 6-1 所示。

　　其中，需要特别说明的是，根据 Tanner 等（1991）的有序保护动机理论，对于风险严重性的感知、易感性感知（发生概率）及情感感知都会影响风险感知的整体水平，但是它们之间存在着一定的顺序，即情绪是经过易感性和严重性判断后对威胁进行评估后的情绪反应状态。因此，笔者将此处的风险感知水平定义为工人由于风险认知过程引起的害怕、担忧等情绪反应水平，受到风险易感性认知和风险严重性认知的影响。其次，通过实地调研了解到，对工人安全方面支持最直接、频繁的就是其班组长和班组成员，因为他们一般都是同乡，关系较为紧密，工作、生活也基本同步，因此，本章对工人安全社会支持水平的考察主要从班组长支持和工友支持

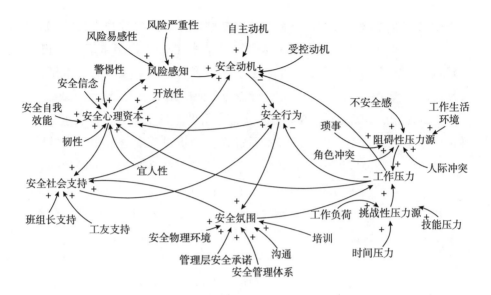

图 6-1　建筑工人安全行为作用机制系统因果作用关系

两方面来考虑。从图 6-1 可以得出，建筑工人安全心理资本对安全行为作用机理系统结构图中，主要因果反馈回路有 5 条。从安全心理资本影响安全行为方面来看，主要路径有两条：

　　一是建筑工人安全心理资本通过促进自身安全工作要求激发安全行为的路径，如图 6-2（a）所示。安全心理资本↑—风险感知↑—安全动机↑—安全行为↑—安全心理资本↑。该回路为正反馈回路，表示的是随着建筑工人安全心理资本的提高，其能正确判断和识别作业环境中的风险的能力将会提升，从而拥有更高的风险感知水平，当工人在作业过程中对风险保持较高的警惕时，其为了自我保护而进行安全行为的动机就会更高，随之而来的安全行为水平就会得到很好的提升，安全行为的不断实践，最终会使建筑工人的安全心理资源得到锻炼和积累，使工人拥有更高的安全心理资本水平。

　　二是建筑工人安全心理资本通过促进自身安全工作资源激发安全行为的路径，如图 6-2（b）所示。安全心理资本↑—安全社会支持↑—安全动机↑—安全行为↑—安全心理资本↑。该回路为正反馈回路，表示建筑工人的安全心理资本较多，而安全心理资本是建筑工人在安全方面满足 POB

标准的综合能力，符合关键资源理论，是管理与调整其他资源以获得令人满意结果的关键性基础资源（Luthans et al.，2007b），由此，工人能通过自身所持有的宜人性、开放性、警惕性等心理素质，以获取和寻求更多在安全方面的帮助，为其带来更高的安全社会支持水平。随着安全社会支持水平的提高，工人所处的小范围内对安全的态度会更加积极，对安全的关注度更高，其安全目标和期望也会更高，工人会在工友和班组长等的安全期望中激发更高水平的安全动机，从而促进更多安全行为的实践，而安全心理资本是基于先天特质之后，在后天安全学习、工作中长期积累下来的心理资源，安全行为的不断实践将进一步强化其安全心理资本。

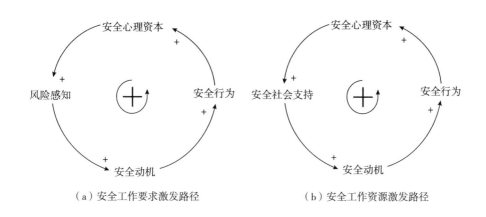

（a）安全工作要求激发路径　　　　　（b）安全工作资源激发路径

图6-2　安全心理资本对安全行为作用关系反馈

从安全氛围影响安全行为方面（传统安全管理方式）来看，主要路径有两条：

一是建筑项目安全氛围通过促进工人安全工作资源激发其安全行为的路径，如图6-3（a）所示。安全氛围↑—安全社会支持↑—安全动机↑—安全行为↑—安全氛围↑。该回路为正反馈回路，表示建筑项目安全氛围比较积极，其安全培训、安全管理体系、管理层安全承诺等各方面都会更加到位，安全目标会更高，项目中各方人员的安全意识、态度都会更加积极，也更愿意给予他人更多安全方面的帮助、评价、指导、关心等，从而提升工人的安全社会支持水平，工人在受到他人的安全关注、指导和关怀之后，其安全的主观规范也会更高，即自身对安全的关注度和目标也会提高，从而激发更高的安全行为动机，形成安全行为意愿，进而进行更多的安全行为，而更多的安全行为实践会营造更加积极的安全氛围，从而形成良性循环。

二是建筑项目安全氛围通过平衡工作压力促进工人安全行为的路径，如图6-3（b）所示。安全氛围↑—工作压力源↓—安全动机↑—安全行为↑—安全氛围↑。该回路为正反馈回路，表示随着建筑项目安全氛围的提升，项目组织整体会对安全报以更大的关注，从而会将安全目标的优先级提升以平衡和生产目标之间的冲突，以此来平衡工人的工作压力，而工作压力源的适当降低，会使工人体验到更小的压力水平，将降低工人为了更快、更省力地完成工作而去执行走捷径、抄近路等冒险行为，能把更多的精力放到对安全的关注上，从而导致更高水平的安全动机。安全动机是安全行为实现的最重要的直接原因之一，因此安全行为水平也随之提升，进而进一步强化和提升项目的安全氛围。

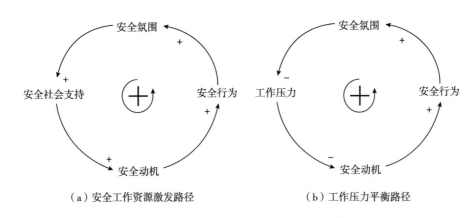

（a）安全工作资源激发路径　　　　（b）工作压力平衡路径

图6-3　安全氛围对安全行为作用关系反馈

从安全心理资本和安全氛围联动影响安全行为方面来看，主要有一条反馈回路，如图6-4所示，即安全心理资本和安全氛围联动影响安全行为的路径。安全心理资本↑—安全社会支持↑—安全动机↑—安全行为↑—安全氛围↑—工作压力源↓—安全心理资本↑。该回路是正反馈回路，表示安全心理资本的增加会提高工人的安全社会支持水平，而安全社会支持的提高又会使其安全动机水平随之提高，动机是行为的最直接原因，因此安全行为水平也将会得到提升，而安全水平的提升说明项目内积极的安全实践逐渐增多，安全氛围作为项目内所有人员对项目安全的主观认知和评价也将得到大幅提升，而安全氛围是安全文化的即时体现，安全文化的重要目标之一就是平衡安全和生产目标之间的矛盾（Flin et al.，2000），降低工作压力，因此，安全氛围的提升会降低工人所面临的工作压力，而工作压力是消耗工人安全心理资本的重要原因，对安全心理资本会产生负向影响，它的降低则表示工人能保持较高的安全心理资本水平；反之，则会消耗工人过多的心理资源，导致较低的安全心理资本水平。

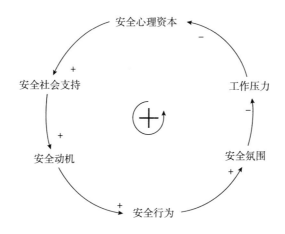

图6-4　建筑工人安全行为影响因素作用关系反馈

二、SD 模型构建及分析

上述基于安全心理资本的建筑工人安全行为作用机理因果关系图表达了各子系统之间的相互作用及逻辑关系，同时表示安全行为的产生路径及反馈回路，但是对各因素的性质没有加以区分。基于此，在因果回路图的基础上，对变量性质进行区分，分别构建建筑工人安全行为作用机理的系统 SD 模型。

　　通过上述分析，并根据建模需要建立基于安全心理资本的建筑工人安全行为的系统影响因子变量集。一般来说，系统 SD 模型主要由水平变量（L）、速率变量（R）和辅助变量（A）三类变量构成。其中，水平变量也称为状态变量，代表的是存量，而每一个水平变量都有其对应的速率变量，也可称为决策变量。建筑工人安全水平的变化除了系统内水平变量的影响外，也会受到外部因素的影响，如对安全心理资本的开发，这个可以在对安全心理资本各要素培养的重视程度、关注方面进行体现，而工人的动机水平也会受到何种动机类型更受激励等因素的影响，这些统称为辅助变量。另外，常量（K）也属于辅助变量，如各个因素之间的影响系数。所设变量及符号含义如表 6-1 所示。

表 6-1　各类变量汇总表

变量类别	变量名称
状态变量 （9个）	安全心理资本（L_1）、风险感知（L_2）、安全社会支持（L_3）、安全动机（L_4）、安全氛围（L_5）、工作压力水平（L_6）、挑战性压力源（L_7）、阻碍性压力源（L_8）、安全行为水平（L_9）
速率变量 （9个）	安全心理资本增量（R_1）、风险感知增量（R_2）、安全社会支持增量（R_3）、安全动机增量（R_4）、安全氛围增量（R_5）、工作压力水平增量（R_6）、挑战性压力源增量（R_7）、阻碍性压力源增量（R_8）、安全行为水平变化量（R_9）
辅助变量 （25个）	安全自我效能感（A_1）、韧性（A_2）、安全信念（A_3）、警惕性（A_4）、宜人性（A_5）、开放性（A_6）、风险易感性（A_7）、风险严重性（A_8）、班组长支持（A_9）、工友支持（A_{10}）、自主动机（A_{11}）、受控动机（A_{12}）、安全物理环境（A_{13}）、安全管理体系（A_{14}）、管理层安全承诺（A_{15}）、安全沟通（A_{16}）、安全培训（A_{17}）、技能压力（A_{18}）、时间压力（A_{19}）、工作负荷（A_{20}）、人际冲突（A_{21}）、工作琐事（A_{22}）、工作环境（A_{23}）、不安全感（A_{24}）、角色冲突（A_{25}）
常量 （10个）	压力—资本影响系数（K_1）、行为—资本影响系数（K_2）、资本—感知影响系数（K_3）、资本—支持影响系数（K_4）、氛围—支持影响系数（K_5）、支持—动机影响系数（K_6）、压力—动机影响系数（K_7）、感知—动机影响系数（K_8）、行为—氛围影响系数（K_9）、氛围—压力影响系数（K_{10}）

　　基于 SD 原理，运用 Vensim 仿真软件对建筑工人安全行为影响因素系统（含安全心理资本）模型进行仿真时，需要设置各变量间的数学逻辑关系，主要函数关系如式 6-1～式 6-21 所示。因为在建立系统模型的过程

中，与实证研究相比纳入了新的变量，因此对数据重新进行了调查，在对新变量数据收集的基础上，还能对已经检验过的变量，进一步证实其关系的跨样本效度。其中，水平变量的初始数据来自10个项目工人的问卷调查（发放500份，回收有效问卷423份，有效回收率为84.6%）。项目的选择标准是能够代表建筑业平均安全水平的项目，即不是明显超出一般水平的示范项目工地。水平变量间的综合影响系数由相关系数表示，水平变量对应的辅助变量代表项目对水平变量的投入指标，其初始值及相关权重主要通过专家打分（工龄大于10年的施工企业安全部部长2名，企业安全员4名，项目经理4名，项目安全总监4名，项目专职安全员8名，共22人）获取，从他们的经验出发，对他们认为的现在建筑项目中对这些方面的关注、投入或要求程度进行打分。为更好地观测分析结果，对数据进行处理，采用无量纲，假定安全行为水平初始值为0，统计分析得到各个状态变量的初值有（L_1，L_2，L_3，L_4，L_5，L_6，L_7，L_8，L_9）=（2.143，2.11，2.562，3.093，3.162，4.134，4.646，3.612，0），无量纲。公式是由Vensim软件中的自带数据处理功能模块得出，主要仿真方程构建如下：

$$\text{FINAL TIME}=12，\text{Units：Month} \tag{6-1}$$

$$\text{INITIAL TIME}=0，\text{Units：Month} \tag{6-2}$$

$$\text{TIME STEP}=1，\text{Units：Month} \tag{6-3}$$

$$L_9=\text{INTEG}(R_9，0) \tag{6-4}$$

$$R_9=0.463\times L_4-0.389\times L_6+0.148\times L_3 \tag{6-5}$$

$$L_1=\text{INTEG}(R_1-K_1\times L_6+K_2\times L_9，2.143) \tag{6-6}$$

$$R_1=0.151\times A_1+0.157\times A_2+0.209\times A_3+0.199\times A_4+0.146\times A_5+0.158\times A_6 \tag{6-7}$$

$$L_2=\text{INTEG}(R_2+K_3\times L_1，2.11) \tag{6-8}$$

$$R_2=0.343\times A_7+0.657\times A_8 \tag{6-9}$$

$$L_3=\text{INTEG}(R_3+K_5\times L_5+K_4\times L_1，2.562) \tag{6-10}$$

$$R_3=0.616\times A_9+0.384\times A_{10} \tag{6-11}$$

$$L_4=\text{INTEG}(R_4+K_7\times L_6+K_6\times L_3+K_8\times L_2，3.093) \tag{6-12}$$

$$R_4=0.568\times A_{11}+0.432\times A_{12} \tag{6-13}$$

$$L_5=\text{INTEG}(R_5+K_9\times L_9，3.162) \tag{6-14}$$

$$R_5 = 0.128 \times A_{13} + 0.199 \times A_{14} + 0.322 \times A_{15} + 0.162 \times A_{16} + 0.189 \times A_{17}$$

$$\text{(6-15)}$$

$$L_6 = INTEG(R_6 + K_{10} \times L_5,\ 4.134) \tag{6-16}$$

$$R_6 = 0.692 \times L_7 + 0.308 \times L_8 \tag{6-17}$$

$$L_7 = INTEG(R_7,\ 4.646) \tag{6-18}$$

$$R_7 = 0.173 \times A_{18} + 0.449 \times A_{19} + 0.378 \times A_{20} \tag{6-19}$$

$$L_8 = INTEG(R_8,\ 3.621) \tag{6-20}$$

$$R_8 = 0.168 \times A_{21} + 0.062 \times A_{22} + 0.217 \times A_{23} + 0.341 \times A_{24} + 0.212 \times A_{25}$$

$$\text{(6-21)}$$

综合上述分析，以及对初始模型进行的仿真模拟，对其进行一致性检验，进而适当优化修正模型，最终构建出建筑工人安全行为影响机理系统动力学模型，如图 6-5 所示。

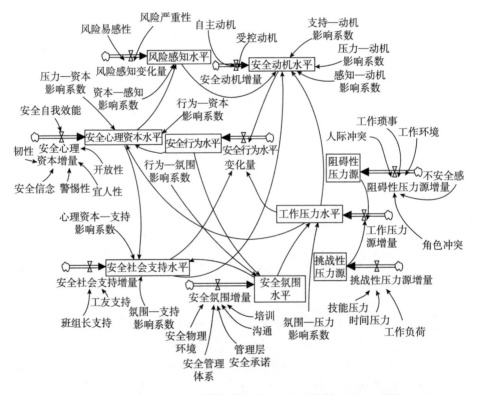

图 6-5　建筑工人安全心理资本对其安全行为作用机制 SD 模型

第三节 SD系统模型仿真研究及优化策略分析

一、基于安全心理资本的建筑工人安全行为影响机理SD系统现状分析

根据仿真结果显示，从图6-6可以看出建筑工人安全行为在安全心理资本、安全氛围、工作压力源等因素的共同作用下，其变化趋势有升有降，且最终的趋势为负，说明一年下来，工人的不安全行为水平明显高于安全行为水平，这与建筑工地的现状非常相符，这说明无论是现有的项目安全氛围，还是工人的安全心理资本都不足以抵消工作压力对工人的影响，进一步证明了在建筑行业安全和生产的冲突尤为突出，因为生产压力、生产工作设计不合理等对工人安全表现的影响比较严重。

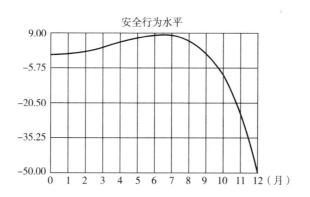

图6-6 SD基础模型仿真结果初始图

建筑工人安全行为的变化大体可以分为两个阶段，0~6月为上升期，6~12月为下降期，这与现实情况较为相符，一般上半年工人因为才进入工地，疲劳状态、安全关注等都会更强，加之上半年的工作量一般没有下半年大，因此上半年可以保持上升趋势。而下半年的情况会比较复杂，雨季施工及年末在冬季施工之前的赶工都大大降低了工人安全表现，因此安全行为水平呈下降趋势。

具体而言，可以分为五个阶段：在仿真第一阶段，0~2月，建筑工人刚进入工地开工，还未到工作较为忙碌的阶段，工作压力没有太大的积累，工人因为才开工，在适应阶段，对工作中所遇到的危险还未提起足够的重视，但是由于项目对开工初期的安全管理、警示比较重视，基本可以抵消工作压力、工作不适应等所带来的负面影响，因此工人在初期的安全行为水平基本保持平稳。在仿真第二阶段，2~5月，安全行为水平有较为明显的上升，虽然工作压力逐步积累，但工人已经适应了工地工作，自身的意识开始跟上周围环境的变化，安全心理资本也开始发挥作用。此外，安全氛围在这一阶段发挥了重要作用，安全氛围和工作压力之间有一个此消彼长的作用，因为安全氛围的一个重要任务就是平衡生产和安全之间的压力，由于第二阶段仍处于工作压力积累不够大的阶段，从而使工人的安全行为水平有较大的提升。在仿真第三阶段，5~6月，工人的安全行为水平虽然仍有上升，但上升趋势明显放缓。这是因为随着时间推移，一般在半年过后就会迎来赶工期，比如为了在雨季施工之前尽快做完主要工作等，工作压力水平会比之前有明显的提高，因此，工人的安全行为水平上升趋势变缓。在仿真第四阶段，6~9月，工人的安全行为水平开始下降，但安全行为水平的积累量仍能维持在0以上。因为，随着项目的进展，交叉作业等会带来大量的不安全和不确定因素，这一定程度上增加了工人作业失误的可能，与此同时，工作压力逐渐积累。在这一阶段，工人的安全心理资本发挥了重要作用，因为在不确定的工作环境下，工人的安全心理资本得到了更大的利用，激发了其更高的安全动机。这使工人安全行为水平开始了较为缓和的下降，但仍能维持在高于0的水平。在仿真第五阶段，9~12月，工人安全行为水平开始大幅下降，且积累量到达0以下的水平，表明这时候不安全行为水平已明显高于安全行为水平。9个月之后，可能遇到的雨季施工、冬季施工，以及长达数月在高危环境中进行体力劳动，都使工人的工作压力进一步积累，而其所具备的安全心理资本及项目的安全管理水平已经不足以控制工作压力给工人带来的影响。在压力的作用下，工人愿意采取更加省力的方式进行工作，安全行为水平大幅下降。

二、基于安全心理资本的建筑工人安全行为优化策略分析

从初始值来看，第一，目前建筑工人的工作压力及影响其增量的工作

压力源的初始值都较大。第二，工人的安全心理资本处于较低水平。建筑项目普遍比较重视工人安全知识和技能的培训，对工人安全心理能力和素质的关注和措施较少，措施也较为薄弱。第三，建筑项目对安全氛围的营造已有一定重视，处于中等偏上水平。因此，要提高建筑工人的安全行为水平，就要从减少工作压力源、营造安全氛围、提升安全心理资本水平三方面进行。

然而，建筑行业作为生产经营部门，大部分外部工作压力源客观存在，想要直接减少这些压力源来降低工作压力难度较大。安全氛围的提升在一定程度上能对工作压力起到一定的平衡作用。同时，根据认知评价理论，工人受到工作压力源刺激之后，是否产生压力知觉不只来自于压力源本身，还来源于个体结合自身资源对压力源进行评价的结果，因此较高的安全心理资本有助于工人体验到更少的工作压力。但基于现状分析结果可知，目前安全氛围、安全心理资本对工作压力的抑制作用都不够理想，仍有待进一步加强。

因此，本章从安全氛围和安全心理资本两个方面对相关参数进行调整，进而提出优化策略。具体地，一是通过调整安全氛围和安全心理资本的相关参数，对安全氛围和安全心理资本的作用效果进行对比分析，包括两个方面：①通过分别提高安全氛围各要素投入和安全心理资本各要素投入的初始值到最大值，在与初始状态进行对比的基础上，对比两者的不同作用效果；②通过分别降低安全氛围各要素投入和安全心理资本各要素投入的初始值到最小值，在与初始状态进行对比的基础上，对比两者的不同作用效果。二是通过不同方案对优化安全心理资本的作用效果进行细化，即①通过一次性同时提高安全心理资本各要素的初始值到最大值；②一次性同时提高安全心理资本各要素的初始值到中间值；③分别将单一安全心理资本要素的初始值调整到最大值。通过三种方案对系统进行仿真，在与初始状态进行对比的基础上，对比各种安全心理资本投入方案的不同作用效果。最后，根据上述 SD 系统仿真对比分析结果，提出基于安全心理资本的建筑工人安全行为优化策略。

1. 安全心理资本与安全氛围作用效果 SD 系统仿真对比分析

首先，对提高安全氛围和安全心理资本对安全行为水平作用效果进行对比分析。采用控制变量法，保证其他变量不变的情况下，先将安全心理资本的6个心理要素投入，即安全自我效能感、韧性、安全信念、宜人性、警惕性、开放性的初始值都调整到最高水平5，对系统进行仿真模拟，仿真结果为长虚线；然后，将安全心理资本各要素初始值恢复，保持其他变量不变的情况下，将安全氛围各要素投入，即安全物理环境、安全管理体系、管理层安全承诺、安全沟通和安全培训的初始值提高到最大值5，对系统进行运行，仿真结果为实线，结果如图6-7（a）所示，无论将建筑项目现有安全氛围水平还是将建筑工人现有安全心理资本水平提高都对安全行为有较大的提升，但作用效果有所不同。在4月之前，安全氛围和安全心理资本初始值的提高，对安全行为水平的提升效果并不明显，是由于在仿真前期本身的安全水平较高，无论是安全管理手段还是安全心理素质的提高，且其累积效果还不明显，因此对安全行为水平影响效果都不够明显。4~7月，安全心理资本水平对安全行为的影响不如安全氛围，因为安全心理资本有一个累积效应，在前期的作用并不够明显，而安全氛围更具有即时作用，在工作压力开始积累，安全行为提升开始放缓的5~7月起到了即时的提升效果。而7月之后，安全心理资本的作用逐渐超过安全氛围，这说明安全心理资本的累积效应得到了发挥，在这个阶段，正式进入不确定因素和不安全因素及工作压力水平激增阶段，这说明安全心理资本在越苛刻的工作环境下，其作用效果越明显。而安全氛围的作用在7月之后逐步变弱，安全行为的增长速度逐渐降低，是因为安全氛围更类似于即时的效果，很容易受到工作条件和工作压力的影响，有一个明显的此消彼长的关系，当工作压力大的情况下，项目的安全目标优先度就会有所下降，因此安全氛围对安全行为的约束作用也受到了影响。由此可以看出，无论是安全氛围的提高还是安全心理资本的提高都对建筑工人的安全行为有着正向影响，但安全氛围更类似于即时效果，且其作用效果受工作压力的影响更大。而安全心理资本则是一个长期积累的效果，虽然前期对安全行为的提升作用并不明显，但其在越苛刻的工作和安全条件下，其作用效果越明显，对安全行为水平的提升程度也就越大。

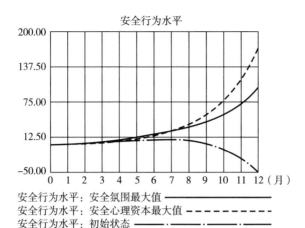

（a）最大值对安全行为作用效果对比

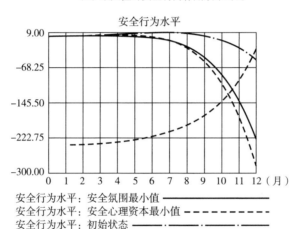

（b）最小值对安全行为作用效果对比

图 6-7 安全心理资本与安全氛围对安全行为作用效果 SD 模型仿真对比结果

其次，对降低安全氛围和安全心理资本对安全行为水平作用效果进行对比分析。与上述方法一样，采用控制变量法，保证其他变量不变的情况下，先将安全心理资本的 6 个心理要素投入的初始值都降低到最小值 1，对系统进行仿真模拟，仿真结果为长虚线；然后，将安全心理资本各要素投入变量初始值恢复，保持其他变量不变的情况下，将安全氛围各要素投入的初始值降低到最小值 1，对系统进行运行，仿真结果为实线，结果如图

6-7（b）所示，无论将建筑项目现有安全氛围水平还是将建筑工人现有安全心理资本水平降低，对安全行为都有着显著的负向影响，其水平明显低于初始水平，但两者作用效果有所不同。在 7 月之前，整体来说安全心理资本与安全氛围的下降，对安全行为水平的影响都不是特别明显，主要是因为上半年工作压力水平还未积累到一定程度，整体安全水平较高。但是，安全氛围和安全心理资本对安全行为水平的影响作用还存在一定的差异性。安全心理资本的降低对安全行为的负面影响明显小于安全氛围的降低，因为在 7 月之前，维持现有安全氛围水平的情况下，整体安全和工作条件都比较好，工作压力也并未累积到最大，因此安全心理资本的缺失对较好工作条件下的工人安全表现影响并不明显。而在维持现有安全心理资本水平的情况下，安全氛围效果是具有即时性的，因此安全氛围的缺失会使安全行为水平有比安全心理资本缺失时更为明显下降。7 月之后，安全心理资本下降为安全行为带来的负面影响逐渐超过了安全氛围缺失的情况，因为安全心理资本的重要作用主要在苛刻的工作条件和安全条件下体现得更为明显，说明即使保持现有的安全氛围水平，由于安全心理资本的下降，工人也不具备应对安全风险和工作压力的安全心理能力和素质，其自身对安全的关注度就会有所下降，安全动机明显不足，并且可能因为无法承受工作压力，希望用更为省力、省时的方式完成工作，从而降低安全行为的实践水平。而此时降低安全氛围水平，但工人安全心理资本水平不变，这将使其更有面对不确定工作环境的信心，以及挑战工作压力的毅力，自发地实现更多的安全行为，还能通过获得一定的安全社会支持，即通过身边的工友和班组长的帮助来解决一些安全问题。由此可以看出，整体来说，安全氛围的下降虽然负面影响了安全行为水平，但是安全心理资本的缺失会造成最终更多不安全行为的积累，造成安全行为水平更大的下降。此外，安全心理资本在较好的安全和工作环境之下，只能对安全结果起到一定的作用，但是在苛刻的条件下，其所发挥的作用更大。

而根据安全氛围水平的初始值（3.162）来看，安全管理氛围建设已经得到了较好的发展，处于中等偏上水平。而相对地，从安全心理资本水平的初始值（2.143）来看，其处于中等偏下水平，未得到相应的重视。同时，根据本部分针对建筑项目的具体调研情况来看，安全管理体系等安全氛围建设相关的投入陷入瓶颈，要将这种整体安全策略提高至最大值并不现实。加之，在实际生产中，安全氛围要发挥作用（如安全管理体系的落实和实施、安全沟通的顺畅开展等）离不开工人的参与，而工人安全心理资本无疑对此发挥着积极作用，其提高可能有利于现有安全管理瓶颈的突破。因此，下一部分对建筑工人不同安全心理资本投入方案进行系统仿真。

2. 不同安全心理资本投入方案作用效果的 SD 仿真对比分析

要对建筑工人安全心理资本进行开发，就要加大对安全心理资本所包含的 6 个心理要素的培养，因此，本部分对三种安全心理资本投入方案进行系统仿真，并在与初始结果对比的基础上，对比三种方案的仿真结果。

（1）同时提高安全心理资本各要素初始值到最大值。采用控制变量法，保证其他变量不变的情况下，将安全心理资本的 6 个心理要素投入，即安全自我效能感、韧性、安全信念、宜人性、警惕性、开放性的初始值都调整到最高水平 5，对系统进行仿真模拟，结果如图 6-8 所示，与图 6-7（a）中长虚线所示结果一样，在此再次进行简要说明。因为安全心理资本的积累和成长都是具有累积效应的，前期的累积不够明显，加之仿真初期处于安全工作条件较好的阶段，因此安全心理资本对安全行为的提升效果并不明显。但是，随着对安全心理资本各要素投入的积累，使安全心理资本水平逐步提高，安全行为的增长速度从 5 月开始逐步提升，到 12 月，

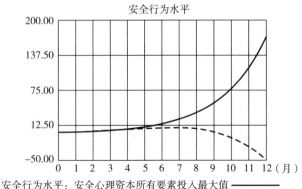

图 6-8 安全心理资本整体干预对安全行为作用效果 SD 模型仿真结果（最大值）

在工作压力下达到最快的增长速度，安全行为累积至一年中的最高水平，由此可以看出，若建筑项目提高对安全心理资本培养的重视和投入，会大幅提升建筑工人的安全心理资本水平，而安全心理资本水平的提高，会改变目前不安全行为水平累积量大于安全水平累积量的现状，促进工人做出更多的安全行为，大大改善项目的安全绩效。

（2）同时调整安全心理资本各要素初始值到中间值。安全心理资本的开发是一个循序渐进的过程，虽然对六个要素都加大投入和关注一定会取得更好的效果，然而，在建筑项目这样的临时性生产经营部门，也要考虑效率和成本问题，因此，将大量资源一次性分配到提高建筑工人的安全心理资本上是不现实的。所以，采用控制变量法，将安全心理资本的 6 个心理要素投入初始值都设置为中间水平 3，其中，安全自我效能感的水平比初始值有所下降，其他要素投入的值都有轻微上升，对系统进行仿真模拟，结果如图 6-9 所示。安全心理资本在前期的作用依旧不够明显，但安全行为水平自 5 月开始就比初始水平开始有所提升，因为 5 月迎来第一个赶工期，加上 6 月即将迎来的安全月，安全心理资本与安全管理形成合力，之后到 9 月一直保持上升，但在 8~9 月时上升速度开始放缓，9~10 月不再上升，进入 11 月后，工作压力激增，安全行为水平开始下降，但是与初始状态相比，虽然安全行为水平的累积开始下降，但是仍能保持在高于 0 的

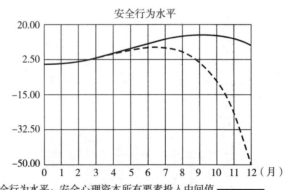

图 6-9　安全心理资本整体干预对安全行为作用效果 SD 模型仿真结果（中间值）

水平，安全行为水平仍然得到了较大提升，这正好验证了工作压力源对安全心理资本通过安全动机激发安全行为的限制作用，意味着工作压力源的确会对安全心理资本造成较大的消耗，但只要安全心理资本水平较高，就能更好地利用安全心理资本，激发安全动机，以实现更多的安全行为；而不是将心理资源全部消耗，甚至造成心理压力，对自身安全表现造成更负面的影响。由此可见，若能对工人的安全心理资本水平培养高于现有水平的关注和投入，就将使项目安全绩效有长足的进步。

（3）依次调整安全心理资本各要素初始值到最大值。通过上述分析，已经初步确定，对工人安全心理资本的投入和关注若能提升至中间值，那么就已经可以促进建筑工人安全行为水平较大的提高，在12月时，仍能保持安全行为的累积量在0以上。但是，要更好地对建筑工人安全心理资本进行关注和开发，还需要知道各维度变化对安全行为水平的影响。虽然，通过专家打分的权重，在一定程度上，我们已经知道了哪个因素对安全心理资本的提高最重要，其排序为安全信念>警惕性>韧性>开放性>安全自我效能感>宜人性。但是，就现有安全心理资本水平而言，哪个心理因素的提升会带来安全水平的最大提高并不明确。而这对制定基于安全心理资本对工人安全行为提升的优化策略非常重要。所以，再次采用控制变量法，将安全心理资本的6个心理要素投入的初始值依次调整到最大值5，对系统进行仿真模拟，即保证其他变量不变的情况下，将安全自我效能感的投入初始值调到最大值5，其他所有变量保持不变，得到一个仿真结果，然后恢复安全自我效能感的初始值，对下一个要素进行调整，依次得到6个仿真结果，以对比观察每个维度的提高对建筑工人安全行为水平的影响，仿真结果如图6-10所示，对安全行为水平的提升效果按大小顺序排列依次是：警惕性、安全信念、宜人性、开放性、韧性、安全自我效能感。其中，警惕性和安全信念的提高，能直接将工人安全行为累积水平维持在0以上，由此可见，提升这两个心理要素的重要性和紧迫性。在此，还将所有要素提升至中间值的仿真结果放入进行对比，从图6-10中可以看出，无论哪个维度提升至最大值都没有每个维度维持在中间值的提升幅度大。由此可见，这符合Luthans等（2007b）对心理资本符合多元资源理论的判断，其各组成部分以协同的方式发挥作用。整体的作用比各个组成部分单独发挥的作用及各部分的总和要大（Ferradás et al.，2019）。因此，在开发建筑工人的安全心理资本时，要注意各个因素的相对平衡，这样既有利于其安全行为水平的提高，也有利于最大化建筑项目资源的利用。

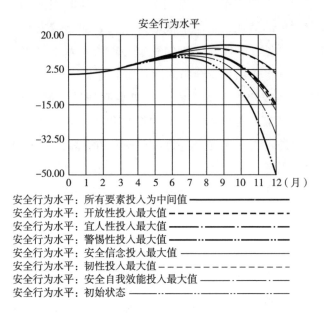

图 6-10　安全心理资本各维度干预对安全行为作用效果 SD 模型仿真结果

综上所述，虽然同时提高各安全心理资本要素的投入会获得最好的结果，但是，这样做对建筑项目这样的生产经营性组织不具有成本效益性。长此以往，会大大降低建筑项目对工人安全心理资本投入和关注的积极性。而若将可用资源只集中于一种要素，其提高的幅度远不如对安全心理资本各要素的平均关注。由此可见，对各要素的全面关注可能是兼具成本和效果的一种可行策略方案。

3. 基于安全心理资本的建筑工人安全行为优化策略

基于上述结果，从安全心理资本开发的原则和安全心理资本的可实现路径两个方面提出基于安全心理资本开发的建筑工人安全行为优化策略、措施。

（1）优化原则：安全心理资本各要素全面关注和循序改进。根据不同安全心理资本投入方案作用效果的 SD 仿真分析结果可知，安全心理资本任何单一要素投入到最大值，都没有安全心理资本各要素整体处于中间值（其中，自我效能感设置值比初始值更低）对安全行为的正向影响大，因此安全心理资本的开发需要进行全面的关注。

　　Luthans 等（2006）认为，心理资本的开发不是一蹴而就的，必须循序渐进地进行，应遵循希望—自信—乐观—韧性的顺序。因为目标（希望）的实现对人的自我效能的提升有明显影响，当个体有足够自信且对成功实现目标的积极期望越强时，个体乐观也会增强。而自我效能和乐观精神又会影响人的韧性，韧性提升将有助于更高更难的目标（希望）的实现。根据仿真结果也可以看出，安全心理资本所包含的各个要素的提高对工人安全行为水平的影响有所不同，其中对警惕性和安全信念的提高对安全行为水平的提高最为显著，但调查数据显示，建筑项目目前对建筑工人警惕性和安全信念的关注都处于较低水平，其初始值分别为 1.774 和 1.979，需要重点提升。另外，因为工人的安全技能、知识等被认为是工人安全能力的来源，因此，建筑项目一般对工人安全知识、技能培训都相对重视，使目前工人的安全自我效能感所受关注的初始水平较高为 3.321。但这种培训不一定使工人对自身能力进行正确评估，若工人在不具备警惕性和安全信念的情况下，其过高的安全自我效能感或许并不能带来更好的结果，甚至会因为过分自信而选择冒险行为。

　　因此，本章根据建筑工人的具体情况及安全工作的独特要求，结合 Luthans 等（2006）的心理资本开发原则，认为应该遵循奠定基础（警惕性）—指明方向（安全信念）—增加助力（宜人性和开放性）—巩固核心（安全自我效能感）—构筑保障（韧性）的顺序。具体地，①警惕性是基础。只有当工人具有警惕性时，他们才能在作业过程中关注到安全风险和问题，并具有对轻微风险采取措施的觉悟，这是工人能从安全的角度利用其他心理要素的基础。②安全信念是方向。具有警惕性和具有安全信念的工人，具有明确的安全目标，且拥有实现目标的意志力，这使得他们能够解决实现目标时遇到的困难，遇到困难不轻言放弃，而会思考解决方法和途径，对安全持有积极乐观的态度，认为对安全的持续努力和关注对安全结果是有益的，这是工人愿意利用自身资源对安全做出努力的保障。③宜人性和开放性是助力。在具备警惕性和安全信念之后，可以进一步加强其宜人性和开放性，这两项心理素质的提升有助于工人更顺利地完成安全目标和安全工作任务。④正确的安全自我效能感是核心。在每次正确、顺利又安全执行任务的特定环境下，工人对自己的安全能力有更清晰和更正确的认识，在这种情况下再加强知识、技能的培训，会进一步增强其正确运用安全知识和技能的能力，自我效能感自然会得到提高。⑤韧性是保障。韧性是帮助工人成功应对工作压力、风险环境条件等逆境的能力，能够帮助工人应对逆境，并从逆境中尽快恢复。将韧性放在最后是因为工人安全心理建设的基础、方向、助力和核心的确立，都有助于保障的提升，警惕性、安全信念、宜人性、开放性和自我效能感都能为工人带来积极的心态和情绪，而积极的心态和情绪是韧性的基础（Tugade et al.，2004）。同时，韧性的提升又能保证其他安全心理资本要素在实际工作中更为高效地发挥作用。

（2）实现路径：将安全心理资本开发融入现有安全管理体系。安全氛围与安全心理资本的 SD 仿真对比分析证明，无论是安全心理资本还是安全氛围都对安全行为水平具有重要的影响，两者缺一不可，都将导致安全行为水平的大幅下降。事实上，安全氛围和安全心理资本也存在紧密关系，安全氛围作为一种传统的安全管理手段，通过管理层对安全的高度重视和承诺，建立良好的安全沟通，构建健全的安全管理体系、安全培训计划，建设良好的安全物理环境等，以营造良好的安全氛围，进而约束工人的不安全行为，感染工人以使其做出更多的安全行为，而在安全行为的践行中，工人将积累更多的安全心理资本。同时，安全心理资本是对传统安全管理办法的一个良好的补充，通过开发工人安全心理能力和素质，使其进行安全管理的自我约束和对自身安全动机的激发而促进其安全行为的发生，这将进一步提升安全氛围。

实践表明，单纯通过科技进步与装备改善难以从根本上解决建筑行业的安全问题，诸多安全隐患的排查、防控均需依靠工人主观能动性的发挥。因此，安全管理除了对环境、设备、制度的管理，究其根本还是对人的管理。而对人的管理，不仅是对其知识、技能的培养，更应重视其安全心理素质的培养和引导，因为心理因素才是决定其行为的关键，能够让工作做到"知危险且畏危险、知安全且行安全"。工人安全心理资本这一关键资源，是工人获得和支配其他资源（如安全知识、技能、支持）的重要资源。此外，安全心理资本的培养具有延续性，可以在各个项目的工作和培训中不断积累，各个项目对安全心理资本的专门培养和开发也会不断延续，这些工人又会在整个行业不断流转，在被建筑项目安全氛围影响的同时，他们本身也能营造积极的安全氛围，从而形成良性循环。因此，将安全心理资本的培养和开发作为重点纳入安全氛围建设，增加专门针对安全心理资本培训和开发的措施和策略，将安全投入向安全心理资本开发方面倾斜，促使安全氛围的功能性从规范性、技术性向引导性、主动性进行转变，既有利于弥补现有安全管理方式对工人安全心理能力和素质不够重视的不足，又有利于安全心理资本开发的顺利进行，进而改善工人的安全行为水平，提升项目安全绩效。

基于上述优化原则和实现路径，提出可行的具体措施：

一是在作业场所为工人提供足够的安全风险信息。很多工人对安全风险的忽视并不是因为其不知道安全风险的存在，而是在作业过程中忽略了对风险的关注。这就需要建筑项目组织在工人的作业地点增加更多的安全风险警示标语、标志，甚至危险提示装置；另外，在整个工地适量增加安全标语和宣传栏，建设安全文化长廊等，为工人提供一个时刻能够接受和关注到安全和风险信息的环境，从外部环境条件上强迫工人关注安全。

二是为工人设定清晰、可行的安全目标，建立安全目标反馈、激励机制。目前，虽然整个项目有明确的安全目标，但是该目标并未内化到工人身上，工人通常认为项目的安全目标与自己没有关系。即使有些项目将安全目标分配给班组，再由班组长落实到个人，但是可能目标过高（零事故、零"三违"等），且没有建立可见、可行的反馈机制，使目标没有落到实处。因此，明确恰当和可行的安全目标，并建立安全目标反馈，激励机制是关键。首先，安全目标要根据工人和项目的实际环境进行设定。其次，当目标实现后，为完成目标的班组进行适当的奖金奖励、提供更多的合作机会，为班组和工人提供实际的利益；此外，在公司一级和项目一级都要进行通报表扬，提升班组工人的荣誉感和归属感，荣誉感和归属感的提升会使工人更加认同自己的目标，对实现目标更具有坚定的信念和意志。

三是以安全心理资本的要素为基础，制订和设计体验式培训和沉浸式训练计划。在特定环境下成功执行特定任务，才能够使个人确信自身是否有能力调动、辨识资源或采取行动方针等，达到心理资本开发的目的（Luthans et al.，2008）。这就意味着工人用以应对危险、事故发生的安全心理资本需要到事故环境中去开发才能得到更好的效果。但在现实的作业环境中无法对事故现场进行模拟，因此，可以采用体验式培训和沉浸式训练（VR）等方式进行。建筑项目组织可以制订和增加工人的体验式安全培训计划，如真实体验风险后果、组织解决不同难度的安全障碍场景等，从普通体验到复杂安全问题解决循序渐进。这能使工人从训练中提升警惕性，增加解决问题的途径，提升与人合作的融洽性，树立达成任务和目标的安全自我效能，最终在不断升级和长期的障碍克服中获取韧性。同时，在条件允许的情况下可以建设 VR 体验室，并有计划、定期地安排工人进行安全事故的沉浸式体验和训练，作为体验式安全培训的补充和强化方式。

四是增设心理培训和咨询，定期对安全心理资本进行评价、干预。目前，建筑项目中很少有为工人提供心理咨询和培训服务的，但是心理咨询和培训服务对提升工人的安全心理资本极为重要。首先，通过心理培训和咨询，能够使工人坦然接受在充满风险的作业环境中事故发生的可能性，去除作业过程中不必要的担忧；能够正确面对工作中的冲突、困难、压力，拥有平和、积极的心态；当工人身处逆境时，能够为工人提供韧性资源，使其尽快从伤害中恢复对工作安全的热情、信念感等。其次，可以帮助工人对曾经发生过的事故、伤害进行回顾，对事故进行正确归因，不会过分自责，与自己达成和解，也不会将事故发生看作不可控的必然因素，认识到对安全的持续关注和努力的重要性；同时，还可以帮助工人找到自身在安全方面的优势，激发工人在未来对安全做出更为积极的反应，以更为积极的心态应对作业过程中的安全问题和危险。

第四节　本章小结

本章对建筑工人安全心理资本对其安全行为的影响机理进行了 SD 仿真和优化策略研究，主要包括三方面内容：一是基于 SD 对建筑工人安全心理

资本影响其安全行为的系统模型进行了研究。在前面实证研究的基础上，增加安全社会支持作为工作资源变量，构建了更为全面的安全心理资本影响安全行为的作用机理系统，通过分析各因素间作用关系及影响安全行为的作用路径，构建了系统因果回路图，对五条主要反馈回路进行了分析。在此基础上，结合系统动力学相关原理及方法，用仿真软件构建建筑工人安全心理资本对其安全行为影响机理 SD 仿真模型，为仿真分析打好了基础。二是对系统进行了仿真研究和分析。在明确状态变量、速率变量和常量各自包含要素之后，通过问卷调查和专家打分获取各参数初始值，运用 Vensim 自带的数学编辑模块建立各要素之间的数量关系，进而运用仿真软件进行了系统仿真模拟研究。首先，通过基础模型对建筑工人安全行为现状进行了分析。其次，在基础模型的基础上，分别调整安全氛围和安全心理资本的参数明确两种不同路径对安全行为的不同作用效果。最后，在基础模型的基础上，调整安全心理资本不同心理要素的参数，构建不同的安全心理资本开发方案，以对比分析不同安全心理资本开发方案的不同作用效果。三是为有效提高建筑工人安全行为，减少工作压力源的影响，结合仿真分析结果，提出了基于安全心理资本开发的安全行为优化策略。首先，根据不同安全心理资本开发方案的不同作用效果，提出了基于安全心理资本开发的安全行为优化策略原则，即在对安全心理资本各心理要素的全面关注的基础上，对各要素循序改进的原则。安全心理资本中的某个心理要素的极大投入并不能实现建筑工人安全行为水平的根本提升，而对各心理资本要素都进行较为平均的投入，会使安全行为水平提升幅度更大，因此，应对安全心理资本各要素都进行关注。但是安全心理资本的培养并不是一蹴而就的，需要循序渐进。根据仿真结果各要素对安全行为的作用效果大小，结合一般心理资本干预顺序，本章提出了安全心理资本改进可以遵循奠定基础（警惕性）—指明方向（安全信念）—增加助力（宜人性和开放性）—巩固核心（安全自我效能感）—构筑保障（韧性）的顺序。其次，根据安全心理资本与安全氛围仿真结果的对比分析提出了将安全心理资本融入现有安全管理体系的可行路径。仿真研究指出，两者虽然作用有所不同，但是却缺一不可，且相互补充和促进。安全心理资本的开发不可能独立于安全氛围建设。因此，将安全心理资本的培养和开发作为重点纳入安全氛围建设，增加专门针对安全心理资本培训和开发的措施和策略，将安全投入向安全心理资本开发方面倾斜，促使安全氛围的功能性从规范性、技术性向引导性、主动性进行转变，既有利于弥补现有安全管理方式对工人安全心理能力和素质不够重视的不足，又有利于安全心理资本开发的顺利进行，进而改善工人的安全行为水平，提升项目安全绩效。

第七章
总结与展望

第一节　研究总结

　　本书基于建筑工人安全心理资本对其安全行为的积极促进作用，以工作要求—资源理论为基本理论框架，以安全心理资本—安全动机—安全行为的动机激发过程为研究主线，厘清基于安全心理资本的建筑工人安全行为影响机理，即建筑工人安全心理资本对其安全行为的动机激发过程是一个有调节的中介机制。并进一步在工作要求—资源的理论框架下，挖掘基于安全心理资本的建筑工人安全行为影响因素，构建安全心理资本对安全行为影响机理的系统模型，从系统和动态演化的视角，探索了安全行为在安全心理资本影响下的动态变化规律，并通过调整不同的安全心理资本投入方案，提出了基于安全心理资本的建筑工人安全行为优化原则和策略。本书主要研究结论包括以下几个方面：

　　一是建筑工人安全心理资本与针对一般工作绩效、工作成就和矿工安全等心理资本的构成要素有所不同。本书通过内容分析和因子分析等方法明确了建筑工人安全心理资本的6个维度，并编制了建筑工人安全心理资本量表。本书将建筑工人安全心理资本界定为在高不确定性、危险性、流动性的建筑项目环境下，建筑工人在实际工作和生活中为人处世时所拥有

157

的一种可测量、可开发和对安全绩效有促进作用的积极心理状态或心理能力。它关注的是建筑工人安全生产过程中的优势和积极的方面，对建筑工人安全工作结果（安全行为）具有积极的促进作用。建筑工人安全心理资本量表包括 6 个维度，分别是警惕性、韧性、安全自我效能感、开放性、宜人性和安全信念，共 32 个题项。这 6 个维度结构具有有效性与稳定性，在建筑工人群体中具有一定的适用性。

二是检验了建筑工人安全心理资本对其安全行为的主效应，证明了建筑工人安全心理资本对其安全行为具有显著的正向影响。这说明，建筑工人的安全心理资本的确对其安全行为水平具有促进作用，建筑项目组织可以通过开发和培养建筑工人安全心理资本的方式对安全行为进行引导和提升，进而提升安全绩效。

三是检验了自我决定型安全动机在建筑工人安全心理资本和安全行为之间的中介效应，证明安全动机在建筑工人安全心理资本和安全行为的影响关系中发挥着显著的中介作用。具体地，建筑工人安全心理资本对安全动机具有显著的正向影响，安全动机对安全行为也具有显著的正向影响，并且建筑工人安全心理资本还可以通过安全动机显著正向影响安全行为。因此，建筑项目组织除了开发和培养建筑工人的安全心理资本以外，还应该采取更多措施以直接激发工人的安全自主动机和受控动机，从而促进安全行为的发生。

四是检验了风险感知、安全氛围和工作压力源在安全心理资本—安全动机—安全行为的动机激发过程中的调节中介作用。检验结果表明：风险感知和安全氛围都在安全心理资本—安全动机路径上发挥显著的正向调节作用，风险感知和安全氛围还能正向调节安全动机在安全心理资本和安全行为之间的中介作用，即当风险感知水平和安全氛围水平越高时，安全心理资本会更多地通过安全动机的中介作用对安全行为产生正向影响。而工作压力源在安全动机—安全行为路径上具有显著的负向调节作用，同时，工作压力源能负向调节安全动机在安全心理资本和安全行为关系中的中介作用，即工作压力源水平越高，安全心理资本越难通过安全动机转化为实际的安全行为。建筑项目组织还应尽量培养工人正确的风险感知能力，营造积极的安全管理氛围，以强化安全心理资本对安全动机的影响，进而提高行为安全,还需适当减小工作压力源的影响,减少工人将安全动机转化为实际安全行为的阻碍。

五是基于 SD 对建筑工人安全心理资本影响其安全行为的系统模型进行了研究,提出了基于安全心理资本开发的安全行为优化策略。首先,提出了"安全心理资本各要素全面关注,循序改进"的基于安全心理资本开发的安全行为优化策略原则,即建筑项目在培养建筑工人安全心理资本的过程中,在避免对某个心理要素极大关注和投入的同时,遵循奠定基础(警惕性)—指明方向(安全信念)—增加助力(宜人性和开放性)—巩固核心(安全自我效能感)—构筑保障(韧性)的顺序。其次,根据安全心理资本与安全氛围仿真结果的对比分析提出了将安全心理资本融入现有安全管理体系的实现路径。安全心理资本的开发不可能独立于安全管理系统,且仿真研究指出,两者对安全行为的作用虽有所不同,但缺一不可。因此,将安全心理资本的培养和开发作为重点纳入安全氛围建设,增加专门针对安全心理资本培训和开发的措施和策略,将安全投入向安全心理资本开发方面倾斜,促使安全氛围的功能性从规范性、技术性向引导性、主动性进行转变,既有利于补充现有安全管理方式对工人安全心理能力和素质不够重视的不足,又有利于安全心理资本开发的顺利进行,进而改善工人的安全行为水平,提升项目安全绩效。

第二节　研究不足与展望

尽管本书基本解决了所提研究问题,丰富了建筑安全管理理论,拓展了工作要求—资源理论和其他相关理论的应用范围,在一定程度上为建筑工人安全行为管理实践提供了指导。但是,和其他任何研究一样,本书也存在一定的不足,需要通过广泛而深入的后续研究加以完善。

一是样本问题。虽然本书尽可能考虑了不同地域的样本,但因为个人能力和客观条件限制,这些样本主要都来自于中大型企业。但规模不同、性质不同的建筑施工企业项目的建筑工人的文化水平、心理素质等方面存在一定差异。因此,今后应进一步综合建筑施工企业的规模和性质展开更全面调查,提高研究结论的适用性。

二是共同方法偏误的问题。本书所有变量的测量都是采用员工自我报告的方式。尽管在数据处理阶段，都证明了共同方法偏误问题对研究结果影响不大，但是由于自评方法所导致的偏误是不能被完全避免的。因此，未来的研究可以采用多来源结构的数据，以减少共同方法偏误的影响。

三是数据问题。本书对建筑工人安全心理资本的基础数据的收集采用的是访谈和开放性问卷相结合的方式，在一定程度上弥补了访谈样本不够大的问题。但主要依靠被调查者的回忆进行调查，难免出现记忆偏差，导致基础数据不全、不准等问题。为了减小这些不利影响，未来可以通过调查者进行长期的实地观察记录和被调查者采用工作日志形式记录下工作过程中的积极心态及其对安全结果的影响相结合的方法来收集数据，但是这两种方法调查成本较高、调查周期较长，并且在使用之前必须取得企业的高度理解和配合。

四是研究层面问题。本书主要集中在个人层面对建筑工人安全心理资本与其安全行为关系进行了探讨。即使对于组织安全管理氛围的考量，也是从个人层面的感知入手，没有聚合到组织层面进行研究，更没有考虑团队安全心理资本、组织支持、团队安全绩效等的跨层次影响机制。因此，未来研究应该建立跨层次模型深入探讨安全心理资本与安全工作结果之间的跨层次影响机制，从而发展和完善建筑工人安全心理资本的理论体系。

参考文献

［1］Ahmad J, Athar M R, Azam R I, et al. A Resource Perspective on A-busive Supervision and Extra-role Behaviors: The Role of Subordinates' Psycholog-ical Capital ［J］. Journal of Leadership & Organizational Studies, 2019, 26 （1）: 73-86.

［2］Ajzen I. From Intentions to Actions: A Theory of Planned Behavior ［J］. Springer Berlin Heidelberg, 1985, 20 （8）: 1-63.

［3］Anglin A H, Short J C, Drover W, et al. The Power of Positivity? The Influence of Positive Psychological Capital Language on Crowdfunding Performance ［J］. Journal of Business Venturing, 2018, 33 （4）: 470-492.

［4］Akbaba Ö, Altındağ E. The Effects of Reengineering, Organizational Climate and Psychological Capital on the Firm Performance ［J］. Procedia-Social and Behavioral Sciences, 2016 （235）: 320-331.

［5］Amini S, Dehghani A, Salehi A, et al. The Role of Psychological Cap-ital and Psychological Flexibility in Predicting Loneliness in Elderly ［J］. Aging Psychology, 2019, 5 （1）: 77-88.

［6］Antunes A C, Caetano A, Pina E Cunha M. Reliability and Construct Validity of the Portuguese Version of the Psychological Capital Questionnaire ［J］. Psychological Reports, 2017, 120 （3）: 520-536.

［7］Arezes P M, Bizarro M. Alcohol Consumption and Risk Perception in the Portuguese Construction Industry ［J］. Open Occupational Health & Safety Journal, 2011 （3）: 10-17.

［8］Aryee S, Hsiung H H. Regulatory Focus and Safety Outcomes: An Examination of the Mediating Influence of Safety Behavior [J]. Safety Science, 2016 (86): 27-35.

[9] Avey J B. The Performance Impact of Leader Positive Psychological Capital and Situational Complexity [D]. The University of Nebraska-Lincoln, 2007.

[10] Avey J B, Luthans F, Jensen S M. Psychological Capital: A Positive Resource for Combating Employee Stress and Turnover [J]. Human Resource Management, 2009, 48 (5): 677-693.

[11] Avey J B, Luthans F, Youssef C M. The Additive Value of Positive Psychological Capital in Predicting Work Attitudes and Behaviors [J]. Journal of Management, 2010, 36 (2): 430-452.

[12] Avey J B, Patera J L, West B J. The Implications of Positive Psychological Capital on Employee Absenteeism [J]. Journal of Leadership & Organizational Studies, 2006, 13 (2): 42-60.

[13] Avey J B, Reichard R J, Luthans F, et al. Meta-Analysis of the Impact of Positive Psychological Capital on Employee Attitudes, Behaviors, and Performance [J]. Human Resource Development Quarterly, 2011, 22 (2): 127-152.

[14] Bakker A B, Demerouti E, Euwema M C. Job Resources Buffer the Impact of Job Demands on Burnout [J]. Journal of Occupational Health Psychology, 2005, 10 (2): 170.

[15] Bakker A B, Demerouti E. The Job Demands-Resources Model: State of the Art [J]. Journal of Managerial Psychology, 2007, 22 (3): 309-328.

[16] Bakker A B, Hakanen J J, Demerouti E, et al. Job Resources Boost Work Engagement, Particularly When Job Demands are High [J]. Journal of Educational Psychology, 2007, 99 (2): 274-284.

[17] Bakker A B, Demerouti E. Job Demands-Resources Theory: Taking Stock and Looking Forward [J]. Journal of Occupational Health Psychology, 2017, 22 (3): 273-285.

[18] Bakker A B, Sanz-Vergel A I. Weekly Work Engagement and Flourishing: The Role of Hindrance and Challenge Job Demands [J]. Journal of Vocational

Behavior, 2013, 83 (3): 397-409.

[19] Bandura A. Social Cognitive Theory: An Agentic Perspective [J]. Annual Review of Psychology, 2001, 52 (1): 1-26.

[20] Baron R M, Kenny D A. The Moderator-mediator Variable Distinction in Social Psychological Research: Conceptual, Strategic, and Statistical Considerations [J]. Journal of Personality and Social Psychology, 1986 (51): 1173-1182.

[21] Baumeister R F, Bratslavsky E, Muraven M, et al. Ego Depletion: Is the Active Self a Limited Resource? [J]. Journal of Personality and Social Psychology, 1998, 74 (5): 1252-1265.

[22] Baumeister R F, Muraven M, Tice D M. Ego Depletion: A Resource Model of Volition, Self-regulation, and Controlled Processing [J]. Social Cognition, 2000, 18 (2): 130-150.

[23] Bergheim K, Eid J, Hystad S W, et al. The Role of Psychological Capital in Perception of Safety Climate Among Air Traffic Controllers [J]. Journal of Leadership & Organizational Studies, 2013, 20 (2): 232-241.

[24] Bergheim K, Nielsen M B, Mearns K, et al. The Relationship between Psychological Capital, Job Satisfaction, and Safety Perceptions in the Maritime Industry [J]. Safety Science, 2015 (74): 27-36.

[25] Beus J M, Dhanani L Y, McCord M A. A Meta-Analysis of Personality and Workplace Safety: Addressing Unanswered Questions [J]. Journal of Applied Psychology, 2015, 100 (2): 481-498.

[26] Bian X, Sun Y, Zuo Z, et al. Transactional Leadership and Employee Safety Behavior: Impact of Safety Climate and Psychological Empowerment [J]. Social Behavior and Personality: An International Journal, 2019, 47 (6): 1-9.

[27] Bronkhorst B. Behaving Safely under Pressure: The Effects of Job Demands, Resources, and Safety Climate on Employee Physical and Psychosocial Safety Behavior [J]. Journal of Safety Research, 2015 (55): 63-72.

[28] Burhanuddin N A N, Ahmad N A, Said R R, et al. A Systematic Review of the Psychological Capital (PsyCap) Research Development: Implementa-

tion and Gaps [J]. International Journal of Academic Research in Progressive Education and Development, 2019, 8 (3): 133-150.

[29] Burke M J, Sarpy S A, Tesluk P E, et al. General Safety Performance: A Test of a Grounded Theoretical Model [J]. Personnel Psychology, 2002, 55 (2): 429-457.

[30] Campbell J P, McCloy R A, Oppler S H, et al. A theory of Performance [A] //In Murphy, K, R. Personnel Selection in Organizations [J]. Academy of Management Review, 1993, 18 (4): 783-785.

[31] Cavanaugh M A, Boswell W R, Roehling M V, et al. An Empirical Examination of Self-Reported Work Stress among U. S. Managers [J]. Journal of Applied Psychology, 2000, 85 (1): 65-74.

[32] Cecchini M, Bedini R, Mosetti D, et al. Safety Knowledge and Changing Behavior in Agricultural Workers: An Assessment Model Applied in Central Italy [J]. Safety and Health at Work, 2018, 9 (2): 164-171.

[33] Chen C F, Chen S C. Measuring the Effects of Safety Management System Practices, Morality Leadership and Self-efficacy on Pilots' Safety Behaviors: Safety Motivation as a Mediator [J]. Safety Science, 2014 (62): 376-385.

[34] Chen Y, McCabe B, Hyatt D. Impact of Individual Resilience and Safety Climate on Safety Performance and Psychological Stress of Construction Workers: A Case Study of the Ontario Construction Industry [J]. Journal of Safety Research, 2017 (61): 167-176.

[35] Choi B, Ahn S, Lee S H. Role of Social Norms and Social Identifications in Safety Behavior of Construction Workers: Theoretical Model of Safety Behavior under Social Influence [J]. Journal of Construction Engineering and Management, 2017, 143 (5).

[36] Choudhry R M, Fang D. Why Operatives Engage in Unsafe Work Behavior: Investigating Factors on Construction Sites [J]. Safety Science, 2008, 46 (4): 566-584.

[37] Christian M S, Bradley J C, Wallace J C, et al. Workplace Safety: A Meta-Analysis of the Roles of Person and Situation Factors [J]. Journal of Applied

Psychology, 2009, 94 (5): 1103-1127.

[38] Curcuruto M, Conchie S M, Mariani M G, et al. The Role of Prosocial and Proactive Safety Behaviors in Predicting Safety Performance [J]. Safety Science, 2015 (80): 317-323.

[39] De Armond S, Smith A E, Wilson C L, et al. Individual Safety Performance in the Construction Industry: Development and Validation of Two Short Scales [J]. Accident Analysis & Prevention, 2011, 43 (3): 948-954.

[40] Deci E L, Ryan R M. Self-determination Theory: A Macrotheory of Human Motivation, Development, and Health [J]. Canadian Psychology/Psychologie Canadienne, 2008, 49 (3): 182-185.

[41] Demerouti E. Job Demands-Resources Theory [M]. John Wiley & Sons, Ltd, 2014.

[42] Demerouti E, Bakker A B, Nachreiner F, et al. The Job Demands-Resources Model of Burnout [J]. Journal of Applied Psychology, 2001, 86 (3): 499-512.

[43] Edwards J R, Cable D M, Williamson I O, et al. The Phenomenology of Fit: Linking the Person and Environment to the Subjective Experience of Person-environment Fit [J]. Journal of Applied Psychology, 2006, 91 (4): 802-827.

[44] Eid J, Mearns K, Larsson G, et al. Leadership, Psychological Capital and Safety Research: Conceptual Issues and Future Research Questions [J]. Safety Science, 2012, 50 (1): 55-61.

[45] Estiri M, Nargesian A, Dastpish F, et al. The Impact of Psychological Capital on Mental Health among Iranian Nurses: Considering the Mediating Role of Job Burnout [J]. Springer Plus, 2016, 5 (1): 1-5.

[46] Fang D, Wu H. Development of a Safety Culture Interaction (SCI) Model for Construction Projects [J]. Safety Science, 2013 (57): 138-149.

[47] Fernández-Valera M M, Meseguer de Pedro M, De Cuyper N, et al. Explaining Job Search Behavior in Unemployed Youngsters Beyond Perceived Employability: The Role of Psychological Capital [J]. Frontiers in Psychology,

2020（11）：1698.

［48］Ferradás M M，Freire C，García-Bértoa A，et al. Teacher Profiles of Psychological Capital and their Relationship with Burnout ［J］. Sustainability，2019，11（18）：5096.

［49］Fishbein M，Ajzen I. Belief，Attitude，Intention and Behaviour：An Introduction to Theory and Research ［M］. New Jersey：Addison-Wesley，1975.

［50］Fleming，M. Assessing Employee Safety Motivation ［EB/OL］. 2012［2020-12-10］. Work Safe BC，https：//www. worksafebc. com/en/resources/about-us/research/assessing-employee-safety-motivation？ lang=en&origin=s&returnurl=https%3A%2F%2Fwww. worksafebc. com%2Fen%2Fsearch%23q%3DAssessing%2520Employee%2520Safety%2520Motivation%26sort%3Drelevancy%26f%3Alanguage-facet%3D%5BEnglish%5D.

［51］Flin R，Mearns K，O'Connor P，et al. Measuring Safety Climate：Identifying the Common Features ［J］. Safety Science，2000，34（1-3）：177-192.

［52］Ford M T，Tetrick L E. Safety Motivation and Human Resource Management in North America ［J］. The International Journal of Human Resource Management，2008，19（8）：1472-1485.

［53］Fruhen L S，Flin R H，McLeod R. Chronic Unease for Safety in Managers：A Conceptualisation ［J］. Journal of Risk Research，2014，17（8）：969-979.

［54］Fruhen L S，Flin R. "Chronic Unease" for Safety in Senior Managers：An Interview Study of its Components，Behaviours and Consequences ［J］. Journal of Risk Research，2016，19（5-6）：645-663.

［55］Fugas C S，Meliá J L，Silva S A. The "Is" and the "Ought"：How do Perceived Social Norms Influence Safety Behaviors at Work？ ［J］. Journal of Occupational Health Psychology，2011，16（1）：67-79.

［56］Gagné M，Forest J，Vansteenkiste M，et al. The Multidimensional Work Motivation Scale：Validation Evidence in Seven Languages and Nine Countries ［J］. European Journal of Work and Organizational Psychology，2015，24

（2）：178-196.

［57］ Gao W M，Cao Q R，Xu Z Q. Impact of Millennial Employees Psychological Capital on Safety Behavior：The Mediating Effect of Safety Motivation and Safety Knowledge ［J］. Scientific Decision Making，2016（1）：21-41.

［58］ Geller S. The Fitting Solution to Respiratory Hazard ［J］. Psychology of Safety，2004：12-14.

［59］ Georgiou K，Nikolaou I. The Influence and Development of Psychological Capital in the Job Search Context ［J］. International Journal for Educational and Vocational Guidance，2019，19（3）：391-409.

［60］ Goldsmith A H，Veum J R，Darity Jr W. The Impact of Psychological and Human Capital on Wages ［J］. Economic Inquiry，1997，35（4）：815-829.

［61］ Gracia F J，Tomás I，Martínez-Córcoles M，et al. Empowering Leadership，Mindful Organizing and Safety Performance in a Nuclear Power Plant：A Multilevel Structural Equation Model ［J］. Safety Science，2020（123）：104542.

［62］ Griffin M A，Neal A. Perceptions of Safety at Work：A Framework for Linking Safety Climate to Safety Performance，Knowledge，and Motivation ［J］. Journal of Occupational Health Psychology，2000，5（3）：347-358.

［63］ Grover S L，Teo S，Pick D，et al. Psychological Capital as a Personal Resource in the JD-R Model ［J］. Personnel Review，2018，47（4）：968-984.

［64］ Gyekye S A，Salminen S. Are "Good Soldiers" Safety Conscious? An Examination of the Relationship between Organizational Citizenship Behaviors and Perception of Workplace Safety ［J］. Social Behavior & Personality，2005，33（8）：805-820.

［65］ Hagger M S，Wood C，Stiff C，et al. Ego Depletion and the Strength Model of Self-control：A Meta-analysis ［J］. Psychological Bulletin，2010，136（4）：495-525.

［66］ Hakanen J J，Bakker A B，Demerouti E. How Dentists Cope with their Job Demands and Stay Engaged：The Moderating Role of Job Resources ［J］. European Journal of Oral Sciences，2006，113（6）：479-487.

［67］ Hashemi S E，Savadkouhi S，Naami A，et al. Relationship between

Job Stress and Workplace Incivility Regarding to the Moderating Role of Psychological Capital [J]. Journal of Fundamentals of Mental Health, 2018, 20 (2): 103-112.

[68] Haslam R A, Hide S A, Gibb A G F, et al. Contributing Factors in Construction Accidents [J]. Applied Ergonomics, 2005, 36 (4): 401-415.

[69] Hayes A F. An Index and Test of Linear Moderated Mediation [J]. Multivariate Behavioral Research, 2015, 50 (1): 1-22.

[70] Hayes A F. Introduction to Mediation, Moderation, and Conditional Process Analysis: A Regression-based Approach [M]. New York: Guilford Publications, 2017.

[71] Hayes A F, Rockwood N J. Conditional Process Analysis: Concepts, Computation, and Advances in the Modeling of the Contingencies of Mechanisms [J]. American Behavioral Scientist, 2020, 64 (1): 19-54.

[72] He C, Jia G, McCabe B, et al. Impact of Psychological Capital on Construction Worker Safety Behavior: Communication Competence as a Mediator [J]. Journal of Safety Research, 2019 (71): 231-241.

[73] He C, McCabe B, Jia G, et al. Effects of Safety Climate and Safety Behavior on Safety Outcomes between Supervisors and Construction Workers [J]. Journal of Construction Engineering and Management, 2020, 146 (1).

[74] Henson R K. Understanding Internal Consistency Reliability Estimates: A Conceptual Primer on Coefficient Alpha [J]. Measurement and Evaluation in Counseling and Development, 2001, 34 (3): 177-189.

[75] Hobfoll S E. Conservation of Resources: A New Attempt at Conceptualizing Stress [J]. American Psychologist, 1989, 44 (3): 513-524.

[76] Hobfoll S E. The Influence of Culture, Community, and the Nested-self in the Stress Process: Advancing Conservation of Resources Theory [J]. Applied Psychology, 2001, 50 (3): 337-421.

[77] Hobfoll S E. Conservation of Resource Caravans and Engaged Settings [J]. Journal of Occupational & Organizational Psychology, 2011, 84 (1): 116-122.

［78］ Hobfoll S E, Halbesleben J, Neveu J P, et al. Conservation of Resources in the Organizational Context: The Reality of Resources and their Consequences ［J］. Annual Review of Organizational Psychology and Organizational Behavior, 2018 (5): 103-128.

［79］ Hockey G R J. Compensatory Control in the Regulation of Human Performance under Stress and High Workload: A Cognitive-energetical Framework ［J］. Biological Psychology, 1997, 45 (1-3): 73-93.

［80］ Hockey G R J, Earle F. Control over the Scheduling of Simulated Office Work Reduces the Impact of Workload on Mental Fatigue and Task Performance ［J］. Journal of Experimental Psychology: Applied, 2006, 12 (1): 50-65.

［81］ Hofmann D A, Burke M J, Zohar D. 100 Years of Occupational Safety Research: From Basic Protections and Work Analysis to a Multilevel View of Workplace Safety and Risk ［J］. Journal of Applied Psychology, 2017, 102 (3): 375-388.

［82］ Hollnagel E. Safety-Ⅰ and Safety-Ⅱ: The Past and Future of Safety Management ［M］. Wales: CRC Press, 2018.

［83］ Jensen S M, Luthans F. Relationship between Entrepreneurs' Psychological Capital and their Authentic Leadership ［J］. Journal of Managerial Issues, 2006, 18 (2): 254-273.

［84］ Jiang L, Tetrick L E. Mapping the Nomological Network of Employee Self-determined Safety Motivation: A Preliminary Measure in China ［J］. Accident: Analysis and Prevention, 2016, 94 (9): 1-7.

［85］ Kao K Y, Spitzmueller C, Cigularov K, et al. Linking Safety Knowledge to Safety Behaviours: A Moderated Mediation of Supervisor and Worker Safety Attitudes ［J］. European Journal of Work and Organizational Psychology, 2019, 28 (2): 206-220.

［86］ Karakus M, Ersozlu A, Demir S, et al. A Model of Attitudinal Outcomes of Teachers' Psychological Capital ［J］. Psihologija, 2019, 52 (4): 8-8.

［87］ Karasek R. A. Job Demands, Job Decision Latitude, and Mental Strain: Implications for Job Redesign ［J］. Administrative Science Quarterly,

1979, 24（2）：285-308.

［88］Karatepe O M, Karadas G. The Effect of Psychological Capital on Conflicts in the Work-family Interface, Turnover and Absence Intentions ［J］. International Journal of Hospitality Management, 2014（43）：132-143.

［89］Kim M, Beehr T A. Challenge and Hindrance Demands Lead to Employees' Health and Behaviours through Intrinsic Motivation ［J］. Stress and Health, 2018, 34（3）：367-378.

［90］Kines P. Case Studies of Occupational Falls from Heights：Cognition and Behavior in Context ［J］. Journal of Safety Research, 2003, 34（3）：263-271.

［91］Kirwan B. Safety Management Assessment and Task Analysis-a missing Link ［J］. Safety Management：The Challenge of Change Elsevier, Oxford, 1998（67）：92.

［92］Larson M, Luthans F. Potential Added Value of Psychological Capital in Predicting Work Attitudes ［J］. Journal of Leadership & Organizational Studies, 2006, 13（2）：75-92.

［93］Lazarus R S. Emotions and Adaptation：Conceptual and Empirical Relations ［A］//Arnold. Nebraska Symposium on Motivation ［M］. Lincoln：University of Nebraska Press, 1968：175-266.

［94］Lee Y H, Lu T E, Yang C C, et al. A Multilevel Approach on Empowering Leadership and Safety Behavior in the Medical Industry：The Mediating Effects of Knowledge Sharing and Safety Climate ［J］. Safety Science, 2019（117）：1-9.

［95］Letcher Jr L. Psychological Capital and Wages：A Behavioral Economic Approach ［D］. Kansas State University, 2003.

［96］Leung M Y, Liang Q, Olomolaiye P. Impact of Job Stressors and Stress on the Safety Behavior and Accidents of Construction Workers ［J］. Journal of Management in Engineering, 2016, 32（1）.

［97］Li C C, Li N W. The Relation among Coalminer's Self-efficacy, Safety Attitude and Risk-taking Behavior ［J］. Procedia Engineering, 2010（7）：

352-355.

[98] Li M, Zhai H, Zhang J, et al. Research on the Relationship between Safety Leadership, Safety Attitude and Safety Citizenship Behavior of Railway Employees [J]. International Journal of Environmental Research and Public Health, 2020, 17 (6): 1864.

[99] Liu X, Huang G, Huang H, et al. Safety Climate, Safety Behavior, and Worker Injuries in the Chinese Manufacturing Industry [J]. Safety Science, 2015 (78): 173-178.

[100] London M. Toward a Theory of Career Motivation [J]. The Academy of Management Review, 1983, 8 (4): 620-630.

[101] Low B K L, Man S S, Chan A H S, et al. Construction Worker Risk-taking Behavior Model with Individual and Organizational Factors [J]. International Journal of Environmental Research and Public Health, 2019, 16 (8): 1335.

[102] Luthans F, Avey J B, Patera J L. Experimental Analysis of a Web-based Training Intervention to Develop Positive Psychological Capital [J]. Academy of Management Learning & Education, 2008, 7 (2): 209-221.

[103] Luthans F, Avey J B, Avolio B J, et al. Psychological Capital Development: Toward a Micro-intervention [J]. Journal of Organizational Behavior: The International Journal of Industrial, Occupational and Organizational Psychology and Behavior, 2006, 27 (3): 387-393.

[104] Luthans F, Avolio B J, Avey J B, et al. Positive Psychological Capital: Measurement and Relationship with Performance and Satisfaction [J]. Personnel Psychology, 2007a, 60 (3): 541-572.

[105] Luthans F, Avolio B J, Walumbwa F O, et al. The Psychological Capital of Chinese Workers: Exploring the Relationship with Performance [J]. Management and Organization Review, 2005, 1 (2): 249-271.

[106] Luthans F, Luthans K W, Luthans B C. Positive Psychological Capital: Beyond Human and Social Capital [J]. Business Horizons, 2004, 47 (1): 45-50.

[107] Luthans F, Youssef C M, Avolio B J. Psychological Capital: Developing the Human Competitive Edge [M]. New York: Oxford University Press, 2007b.

[108] Luthans K W, Jensen S M. The Linkage between Psychological Capital and Commitment to Organizational Mission: A Study of Nurses [J]. JONA: The Journal of Nursing Administration, 2005, 35 (6): 304-310.

[109] Luthans F, Youssef-Morgan C M. Psychological Capital: An Evidence-based Positive Approach [J]. Annual Review of Organizational Psychology and Organizational Behavior, 2017 (4): 339-366.

[110] Lyu S, Hon C K H, Chan A P C, et al. Relationships among Safety Climate, Safety Behavior, and Safety Outcomes for Ethnic Minority Construction Workers [J]. International Journal of Environmental Research and Public Health, 2018, 15 (3): 484.

[111] Maddux J E, Rogers R W. Protection Motivation and Self-efficacy: A Revised Theory of Fear Appeals and Attitude Change [J]. Journal of Experimental Social Psychology, 1983, 19 (5): 469-479.

[112] Madrid H P, Diaz M T, Leka S, et al. A Finer Grained Approach to Psychological Capital and Work Performance [J]. Journal of Business and Psychology, 2018, 33 (4): 461-477.

[113] Man S S, Chan A H S, Wong H M. Risk-taking Behaviors of Hong Kong Construction Workers-A Thematic Study [J]. Safety Science, 2017 (98): 25-36.

[114] Man S S, Ng J Y K, Chan A H S. A Review of the Risk Perception of Construction Workers in Construction Safety [A]//International Conference on Human Systems Engineering and Design: Future Trends and Applications [C]. Springer, Cham, 2019: 637-643.

[115] Martínez-Córcoles M, Schöbel M, Gracia F J, et al. Linking Empowering Leadership to Safety Participation in Nuclear Power Plants: A Structural Equation Model [J]. Journal of Safety Research, 2012, 43 (3): 215-221.

[116] Martínez-Córcoles M, Gracia F J, Tomás I, et al. Empowering Team

Leadership and Safety Performance in Nuclear Power Plants: A Multilevel Approach [J]. Safety Science, 2013, 51 (1): 293-301.

[117] Mirza M Z , Isha A , Memon M A , et al. Psychosocial Safety Climate, Safety Compliance and Safety Participation: The Mediating Role of Psychological Distress [J]. Journal of Management & Organization, 2019, 28 (2): 1-16.

[118] Mohajeri M, Ardeshir A, Banki M T, et al. Discovering Causality Patterns of Unsafe Behavior Leading to Fall Hazards on Construction Sites [J]. International Journal of Construction Management, 2020 (2): 1-11.

[119] Muraven M , Baumeister R F . Self-regulationand Depletion of Limited Resources: Does Self - control Resembleamuscle [J]. Psychological Bulletin, 2000, 126 (2): 247-259.

[120] Neal A, Griffin M A. Safety Climate and Safety Behaviour [J]. Australian Journal of Management, 2002, 27 (1 suppl): 67-75.

[121] Neal A, Griffin M A. Safety Climate and Safety at Work [J]. The Psychology of Workplace Safety, 2004 (26): 15-34.

[122] Neal A, Griffin M A. A Study of the Lagged Relationships among Safety Climate, Safety Motivation, Safety Behavior, and Accidents at the Individual and Group Levels [J]. Journal of Applied Psychology, 2006, 91 (4): 946-953.

[123] Newman A, Nielsen I, Smyth R, et al. The Effects of Diversity Climate on the Work Attitudes of Refugee Employees: The Mediating Role of Psychological Capital and Moderating Role of Ethnic Identity [J]. Journal of Vocational Behavior, 2018 (105): 147-158.

[124] Newman A, Ucbasaran D, Zhu F E I, et al. Psychological Capital: A Review and Synthesis [J]. Journal of Organizational Behavior, 2014, 35 (S1): S120-S138.

[125] Nielsen M B, Mearns K, Matthiesen S B, et al. Using the Job Demands-Resources Model to Investigate Risk Perception, Safety Climate and Job Satisfaction in Safety Critical Organizations [J]. Scandinavian Journal of Psychol-

ogy, 2011, 52 (5): 465-475.

[126] Norman S, Luthans B, Luthans K. The Proposed Contagion Effect of Hopeful Leaders on the Resiliency of Employees and Organizations [J]. Journal of Leadership & Organizational Studies, 2005, 12 (2): 55-64.

[127] Ozturk A, Karatepe O M. Frontline Hotel Employees' Psychological Capital, Trust in Organization, and their Effects on Nonattendance Intentions, Absenteeism, and Creative Performance [J]. Journal of Hospitality Marketing & Management, 2019, 28 (2): 217-239.

[128] Page L F, Donohue R. Positive Psychological Capital: A Preliminary Exploration of the Construct [D]. Monash University, 2004.

[129] Panuwatwanich K, Al Haadir S, Stewart R A. Influence of Safety Motivation and Climate on Safety Behaviour and Outcomes: Evidence from the Saudi Arabian Construction Industry [J]. International Journal of Occupational Safety and Ergonomics, 2017, 23 (1): 60-75.

[130] Pearsall M J, Ellis A P J, Stein J H. Coping with Challenge and Hindrance Stressors in Teams: Behavioral, Cognitive, and Affective Outcomes [J]. Organizational Behavior & Human Decision Processes, 2009, 109 (1): 18-28.

[131] Perlman A, Sacks R, Barak R. Hazard Recognition and Risk Perception in Construction [J]. Safety Science, 2014 (64): 22-31.

[132] Peterson S J, Luthans F, Avolio B J, et al. Psychological Capital and Employee Performance: A Latent Growth Modeling Approach [J]. Personnel Psychology, 2011, 64 (2): 427-450.

[133] Pradhan R K, Jena L K, Bhattacharya P. Impact of Psychological Capital on Organizational Citizenship Behavior: Moderating Role of Emotional Intelligence [J]. Cogent Business & Management, 2016, 3 (1): 1194174.

[134] Piccolo R F, Colquitt J A. Transformational Leadership and Job Behaviors: The Mediating Role of Core Job Characteristics [J]. Academy of Management journal, 2006, 49 (2): 327-340.

[135] Prem R, Kubicek B, Diestel S, et al. Regulatory Job Stressors and

their Within-person Relationships with Ego Depletion: The Roles of State Anxiety, Self-Control Effort, and Job Autonomy [J]. Journal of Vocational Behavior, 2016 (92): 22-32.

[136] Rego A, Marques C, Leal S, et al. Psychological Capital and Performance of Portuguese Civil Servants: Exploring Neutralizers in the Context of an Appraisal System [J]. The International Journal of Human Resource Management, 2010, 21 (9): 1531-1552.

[137] Rodríguez - Garzón I, Delgado - Padial A, Martinez - Fiestas M, et al. The Delay of Consequences and Perceived Risk: An Analysis from the Workers' View Point [J]. Revista Facultad de Ingeniería Universidad de Antioquia, 2015 (74): 165-176.

[138] Rogers R W. A Protection Motivation Theory of Fear Appeals and Attitude Change1 [J]. The Journal of Psychology, 1975, 91 (1): 93-114.

[139] Rogers R W. Cognitive and Psychological Processes in Fear Appeals and Attitude Change: A Revised Theory of Protection Motivation [J]. Social Psychophysiology: A Sourcebook, 1983: 153-177.

[140] Rogers R W, Prentice-Dunn S. Protection Motivation Theory [A]// Gochman D. Handbook of Health Behavior Reserach [M]. New York: Plenum, 1997: 113-132.

[141] Santisi G, Lodi E, Magnano P, et al. Relationship between Psychological Capital and Quality of Life: The Role of Courage [J]. Sustainability, 2020, 12 (13): 5238.

[142] Schaufeli W B, Bakker A B. Job Demands, Job Resources, and Their Relationship with Burnout and Engagement: A Multi-sample Study [J]. Journal of Organizational Behavior: The International Journal of Industrial, Occupational and Organizational Psychology and Behavior, 2004, 25 (3): 293-315.

[143] Schmeichel B J, Vohs K D, Baumeister R F. Intellectual Performance and Ego Depletion: Role of the Self in Logical Reasoning and Other information processing [J]. Journal of Personality and Social Psychology, 2003, 85 (1): 33-46.

[144] Sharma S K, Sharma S. Psychological Capital as a Predictor of Workplace Behavior [J]. Journal of Management Research, 2015, 15 (1): 60-70.

[145] Sherratt F, Dainty A R J. UK Construction Safety: A Zero Paradox? [J]. Policy and Practice in Health and Safety, 2017, 15 (2): 108-116.

[146] Shin Y, Hur W M, Moon T W, et al. A Motivational Perspective on Job Insecurity: Relationships between Job Insecurity, Intrinsic Motivation, and Performance and Behavioral Outcomes [J]. International Journal of Environmental Research and Public Health, 2019, 16 (10): 1812.

[147] Siami S, Martin A, Gorji M, et al. How Discretionary Behaviors Promote Customer Engagement: The Role of Psychosocial Safety Climate and Psychological Capital [J]. Journal of Management & Organization, 2020, 28 (2): 1-19.

[148] Siu O, Phillips D R, Leung T. Safety Climate and Safety Performance among Construction Workers in Hong Kong: The Role of Psychological Strains as Mediators [J]. Accident Analysis & Prevention, 2004, 36 (3): 359-366.

[149] Slåtten T, Lien G, Horn C M F, et al. The Links between Psychological Capital, Social Capital, and Work-related Performance-A Study of Service Sales Representatives [J]. Total Quality Management & Business Excellence, 2019, 30 (sup1): S195-S209.

[150] Slovic P, Fischhoff B, Lichtenstein S. Rating the Risks [J]. Risk/benefit Analysis in Water Resources Planning and Management, 1981: 193-217.

[151] Smith T D, Eldridge F, Dejoy D M. Safety-specific Transformational and Passive Leadership Influences on Firefighter Safety Climate Perceptions and Safety Behavior Outcomes [J]. Safety Science, 2016 (86): 92-97.

[152] Sonnentag S, Frese M. Stress In Organizations [A] //Borman W C, Ilgen D R, Klimoski R J. Handbook of psychology: Industrial and Organizational Psychology [M]. Hoboken, NJ: John Wiley & Sons, Inc., 2003: 453-491.

[153] Sonnentag S, Mojza E J, Demerouti E, et al. Reciprocal Relations between Recovery and Work Engagement: The Moderating Role of Job Stressors [J]. Journal of Applied Psychology, 2012, 97 (4): 842-853.

［154］Stratman J L, Youssef－Morgan C M. Can Positivity Promote Safety？ Psychological Capital Development Combats Cynicism and Unsafe Behavior ［J］. Safety science, 2019（116）：13-25.

［155］Sumalrot T , Suwanwong C , Pimthong S , et al. The Development and Effectiveness of Web－based Psychological Capital Intervention on the Mental Well－being of Tourism Workers during the COVID-19 Pandemic ［J］. BMC Psychology, 2023, 11（1）：1-8.

［156］Sun Y, Huang J. Psychological Capital and Innovative Behavior：Mediating Effect of Psychological Safety ［J］. Social Behavior and Personality：An International Journal, 2019, 47（9）：1-7.

［157］Tanner Jr J F, Hunt J B, Eppright D R. The Protection Motivation Model：A Normative Model of Fear Appeals ［J］. Journal of Marketing, 1991, 55（3）：36-45.

［158］Tucker S, Turner N. Young Worker Safety Behaviors：Development and Validation Of Measures ［J］. Accident Analysis & Prevention, 2011, 43（1）：165-175.

［159］Tugade M M, Fredrickson B L, Feldman Barrett L. Psychological Resilience and Positive Emotional Granularity：Examining the Benefits of Positive Emotions on Coping and Health ［J］. Journal of Personality, 2004, 72（6）：1161-1190.

［160］Vinodkumar M N, Bhasi M. Safety Management Practices and Safety Behaviour：Assessing the Mediating Role of Safety Knowledge and Motivation ［J］. Accident Analysis and Prevention, 2010, 42（6）：2082-2093.

［161］Walumbwa F O, Peterson S J, Avolio B J, et al. An Investigation of the Relationships among Leader and Follower Psychological Capital, Service Climate, and Job Performance ［J］. Personnel Psychology, 2010, 63（4）：937-963.

［162］Wang X, Lian X. Psychological Capital, Emotional Labor and Counterproductive Work Behavior of Service Employees：The Moderating Role of Leaders' Emotional Intelligence ［J］. American Journal of Industrial and Business Management, 2015 (5): 388-395.

[163] Wang D, Wang X, Xia N. How Safety-related Stress Affects Workers' Safety Behavior: The Moderating Role of Psychological Capital [J]. Safety Science, 2018a (103): 247-259.

[164] Wang Y, Tsai C H, Tsai F S, et al. Antecedent and Consequences of Psychological Capital of Entrepreneurs [J]. Sustainability, 2018b, 10 (10): 3717.

[165] Wehbe F, Al Hattab M, Hamzeh F. Exploring Associations between Resilience and Construction Safety Performance in Safety Networks [J]. Safety Science, 2016 (82): 338-351.

[166] Wen Lim H, Li N, Fang D, et al. Impact of Safety Climate on Types of Safety Motivation and Performance: Multigroup Invariance Analysis [J]. Journal of Management in Engineering, 2018, 34 (3).

[167] Wu C, Wang F, Zou P X W, et al. How Safety Leadership Works among Owners, Contractors and Subcontractors in Construction Projects [J]. International Journal of Project Management, 2016, 34 (5): 789-805.

[168] Wu W Y. The Antecedents and Consequences of Psychological Capital: A Meta-analytic Approach [J]. Leadership & Organization Development Journal, 2019, 40 (4): 435-456.

[169] Xanthopoulou D, Bakker A B, Fischbach A. Work Engagement Among Employees Facing Emotional Demands The Role of Personal Resources [J]. Journal of Personnel Psychology, 2013, 12 (2): 74-84.

[170] Xia N, Wang X, Griffin M A, et al. Do We See how They Perceive Risk? An Integrated Analysis of Risk Perception and its Effect on Workplace Safety Behavior [J]. Accident Analysis & Prevention, 2017 (106): 234-242.

[171] Xia N, Xie Q, Hu X, et al. A Dual Perspective on Risk Perception and its Effect on Safety Behavior: A Moderated Mediation Model of Safety Motivation, and Supervisors' and Coworkers' safety climate [J]. Accident Analysis & Prevention, 2020 (134): 105350.

[172] Yang J, Ye G, Zhang Z, et al. Linking Construction Noise to Work-

er Safety Behavior: The Role of Negative Emotion and Regulatory Focus [J]. Safety Science, 2023 (162): 106093.

[173] Ye X, Ren S, Li X, et al. The Mediating Role of Psychological Capital between Perceived Management Commitment and Safety Behavior [J]. Journal of Safety Research, 2020 (72): 29-40.

[174] Yuan Z, Li Y, Lin J. Linking Challenge and Hindrance Stress to Safety Performance: The Moderating Effect of Core Self-evaluation [J]. Personality and Individual Differences, 2014 (68): 154-159.

[175] Zablah A R, Chonko L B, Bettencourt L A, et al. A Job Demands-resources (JD-R) Perspective on New Product Selling: A Framework for Future Research [J]. Journal of Personal Selling & Sales Management, 2012, 32 (1): 73-87.

[176] Zhang Y, LePine J A, Buckman B R, et al. It's Not Fair…or is it? The Role of Justice and Leadership in Explaining Work Stressor-Job Performance Relationships [J]. Academy of Management Journal, 2014, 57 (3): 675-697.

[177] Zohar D. Safety Climate in Industrial Organizations: Theoretical and Applied Implications [J]. Journal of Applied Psychology, 1980, 65 (1): 96-102.

[178] Zohar D, Huang Y, Lee J, et al. Testing Extrinsic and Intrinsic Motivation as Explanatory Variables for the Safety Climate-safety Performance Relationship among Long-haul Truck Drivers [J]. Transportation Research Part F: Traffic Psychology and Behaviour, 2015 (30): 84-96.

[179] Zohar D, Luria G. A Multilevel Model of Safety Climate: Cross-level Relationships between Organization and Group-level Climates [J]. Journal of applied psychology, 2005, 90 (4): 616-628.

[180] 阿尔伯特·班杜拉. 社会学习理论 [M]. 北京: 中国人民大学出版社, 2015.

[181] 曹庆仁. 基于安全行为的煤矿安全管理系统模型 [J]. 煤矿安全, 2014, 45 (4): 219-222.

[182] 曹庆仁, 许正权. 煤矿生产事故的行为致因路径及其防控对策 [J]. 中国安全科学学报, 2010, 20 (9): 127-131.

［183］陈芳，韩适朔．社会支持和心理韧性对飞行员安全行为影响研究［J］．安全与环境学报，2018，18（6）：2252-2256.

［184］程永舟，詹梓健，伍楚寒，等．水利工程施工人员心理资本和不安全行为量表编制研究［J］．安全与环境学报，2022，22（2）：868-876.

［185］程永舟，曹凌瑞，詹梓健．水利工程施工人员心理资本与不安全行为关系研究［J/OL］．长沙理工大学学报（自然科学版），2023［2023-11-08］. https：//kns. cnki. net/kcms2/detail/43. 1444. N. 20230613. 1821. 001. html.

［186］邓宏斌，李乃文．基层管理者辱虐管理和员工安全参与关系研究［J］．管理学报，2013，10（12）：1778-1784.

［187］杜婕，郭丽芳，吴鹏．差错管理氛围与矿工心理安全行为的关系研究［J］．中国煤炭，2020，46（11）：68-73.

［188］冯涛．基于情绪与建筑工人不安全行为影响关系的安全管理策略研究［D］．西安建筑科技大学博士学位论文，2017.

［189］冯亚娟，祁乔，侯莹莹．知识共享对员工安全绩效的跨层次影响研究——一个链式中介模型［J］．安全与环境学报，2020，20（5）：1765-1772.

［190］付光辉，董健，潘欣维．工程项目组织内安全知识共享演化博弈［J］．土木工程与管理学报，2018，35（3）：34-39.

［191］高伟明．中国伦理型领导对员工安全行为的影响［D］．中国矿业大学博士学位论文，2016.

［192］高伟明，曹庆仁．心理资本、安全知识与安全行为——基于煤矿企业新生代员工的实证研究［J］．中国管理科学，2015，23（S1）：72-76.

［193］高伟明，曹庆仁，许正权．新生代员工心理资本对安全行为的影响：基于安全动机和安全知识的中介作用［J］．科学决策，2016（1）：21-41.

［194］高伟明，曹庆仁，许正权．伦理型领导对员工安全绩效的影响：安全氛围和心理资本的跨层中介作用［J］．管理评论，2017，29（11）：116-128.

［195］葛操，李琳，郭卉，等．医生心理资本结构及与工作倦怠的关系［J］．郑州航空工业管理学院学报（社会科学版）2012，31（1）：172-175.

［196］宫晓雪，赵树果，王福生．积极领导力对矿工安全行为的影响研究［J］．安全，2023，44（7）：74-80.

［197］郭莉，王灿，朱艳娜．基于心理资本的矿工安全行为培育路径研究［J］．辽宁工业大学学报（自然科学版），2019，39（5）：336-339.

［198］郝明亮．心理资本前因变量研究［J］．重庆科技学院学报（社会科学版），2010（11）：93-95.

［199］何清华，陈震，李永奎，等．项目施工方和管理方安全公民行为对安全绩效影响［J］．同济大学学报（自然科学版），2016，44（2）：324-332.

［200］侯二秀，陈树文，长青．企业知识员工心理资本维度构建与测量［J］．管理评论，2013，25（2）：115-125.

［201］胡艳，许白龙．安全氛围对安全行为影响的中介效应分析［J］．中国安全科学学报．2014，24（2）：132-137.

［202］姬鸣，杨仕云，赵小军，等．风险容忍对飞行员驾驶安全行为的影响：风险知觉和危险态度的作用［J］．心理学报，2011，43（11）：1308-1319.

［203］贾广社，何长全，陈玉婷，等．跨层次视角下建筑工人安全行为预警［J］．同济大学学报（自然科学版），2019，47（4）：568-574.

［204］姜红，孙健敏，姜金秋．高校教师人格特征与工作绩效的关系：组织认同的调节作用［J］．教师教育研究，2017，29（1）：79-86.

［205］蒋克．基于链式中介效应的伦理型领导与安全绩效关系研究［J］．辽宁工程技术大学学报（社会科学版），2021，23（1）：34-43.

［206］蒋丽，李永娟．安全动机在安全绩效模型中的作用：自我决定理论的视角［J］．心理科学进展，2012，20（1）：35-44.

［207］柯江林，孙健敏，李永瑞．心理资本：本土量表的开发及中西比较［J］．心理学报，2009，41（9）：875-888.

［208］柯江林，孙健敏．内控型人格，变革型领导与组织文化对员工心理资本的影响［J］．经济与管理研究，2018，39（9）：136-144.

［209］雷鸣，张庆林．创伤后心理复原的生理机制［J］．心理科学进展，2009，17（3）：616-622.

［210］李国良，杨晓严，王磊，等．国内安全行为领域研究进展、热点与趋势分析——基于 CiteSpace 和 VOSviewer 的可视化研究［J］．科技与经济，2020，33（5）：71-75．

［211］栗继祖，李红敏．矿工心理资本对安全行为的影响［J］．现代职业安全，2019（7）：95-96．

［212］李林梅．试论市场调查中问卷设计的几个基本原则［J］．统计与信息论坛，2000（2）：45-47+59．

［213］李乃文，房小凯，牛莉霞．非正式群体凝聚力对矿工不安全行为的影响研究［J］．中国安全科学学报，2023a，33（7）：9-15．

［214］李乃文，武兴波，牛莉霞．非正式互动对新生代矿工不安全行为的影响［J/OL］．安全与环境学报，2023b［2023-12-05］．https：//link. cnki. net/urlid/11. 4537. X. 20230922. 1259. 001．

［215］李乃文，张丽，牛莉霞．工作压力、安全注意力与不安全行为的影响机理模型［J］．中国安全生产科学技术，2017，13（6）：14-19．

［216］李乃文，赵钰．矿工自我效能感与安全绩效的关系研究——基于自主型安全动机和工作投入的链式中介作用［J］．科技促进发展，2020，16（6）：689-695．

［217］李琰，张燕．矿工工作压力对心理社会安全行为的影响机理及实证研究［J］．中国安全生产科学技术，2019，15（3）：135-140．

［218］李琰，张燕，田水承．基于链式中介效应的工作资源与心理安全行为关系研究［J］．西安科技大学学报，2019，39（6）：972-978．

［219］连民杰，刘睿敏，卢才武，等．矿工安全心理资本对违章行为的影响机制及实证研究［J］．矿业研究与开发，2020，40（8）：167-173．

［220］刘林，梅强，常志朋．国内 70 年来员工不安全行为研究：发展阶段、研究热点及趋势分析［J］．中国安全科学学报，2021，31（3）：1-12．

［221］刘素霞，梅强，杜建国，等．企业组织安全行为、员工安全行为与安全绩效——基于中国中小企业的实证研究［J］．系统管理学报，2014，23（1）：118-129．

［222］龙彦江，彭鹏，马羚，等．安全管理行为对安全管理绩效影响分析方法［J］．工程管理学报，2020，34（3）：103-108．

［223］罗青青，杜军，贾臻，等．基于心理资本理论的新训班长团体心理训练方案构建及其效果研究［J］．陆军军医大学学报，2023，45（22）：2380-2387．

［224］覃文波．地铁施工不安全行为的情绪作用机理与实证研究［D］．华中科技大学硕士学位论文，2019．

［225］申智元，栗继祖．安全激励对矿工安全行为的影响——基于心理资本的中介作用［J］．煤炭经济研究，2022，42（11）：75-79．

［226］孙剑，何雪礼，卢意．隧道工人心理资本对安全行为的影响——安全氛围的跨层调节作用［J］．土木工程与管理学报，2019，36（5）：7-12+18．

［227］谭冬伟．煤矿职工心理资本对安全行为的研究——基于安全动机的中介效应［D］．山东科技大学硕士学位论文，2017．

［228］田喜洲，蒲勇健．积极心理资本及其在旅游业人力资源管理中的应用［J］．旅游科学，2008（1）：57-60+66．

［229］田水承，孔维静，况云，等．矿工心理因素、工作压力反应和不安全行为关系研究［J］．中国安全生产科学技术，2018，14（8）：106-111．

［230］田秀玉，严仲连，张兰香．民办幼儿园教师心理资本对工作绩效的影响：工作投入的中介效用［J］．陕西学前师范学院学报，2023，39（11）：82-90．

［231］佟瑞鹏，杨校毅．JD-R模型、理论在行为安全研究中的应用及述评［J］．中国安全科学学报，2018，28（11）：42-47．

［232］王丹，秦云云．家长式领导对员工安全行为的影响：心理资本的中介作用和犬儒主义的调节作用［J］．中国安全科学学报，2020，30（8）：25-30．

［233］王璟，李红霞，田水承，等．煤矿工人安全心理资本量表编制［J］．中国安全科报，2018，28（3）：7-12．

［234］王静，郅伏利，黄云锋，等．北京市外卖骑手社会支持、心理资本与工作投入的关系分析［J/OL］．职业与健康，2023［2023-11-26］．https：//link. cnki. net/urlid/12. 1133. r. 20231114. 1054. 002.

［235］王琦玮，梅强，刘素霞，等．基于员工安全行为视角的企业安全

生产影响元分析 [J]. 管理评论，2020，32（3）：226-237.

[236] 王倩云，孙剑. 差序氛围对建筑工人安全行为的影响 [J]. 土木工程与管理学报，2021，38（6）：197-202.

[237] 王霞. 安全氛围、心理资本对空中交通管制员违章行为的影响 [J]. 安全与环境学报，2017，17（6）：2263-2267.

[238] 王霞. 心理资本对员工不安全行为的影响——基于犬儒主义的中介作用 [J]. 中国安全生产科学技术，2019，15（9）：116-120.

[239] 王霞. 心理资本对民航业新生代员工安全绩效影响的差异性研究 [J]. 安全与环境学报，2020，20（4）：1384-1390.

[240] 王新平，逯贵娇. 煤矿企业员工关系质量和工作投入与安全行为的关系研究 [J]. 煤矿安全，2019，50（6）：276-280.

[241] 王亦虹，黄路路，任晓晨. 变革型领导与建筑工人安全行为——组织公平的中介作用 [J]. 土木工程与管理学报，2017，34（3）：33-38+44.

[242] 王永刚，车卓君. 飞行员不安全行为的内在影响因素研究 [J]. 中国民航大学学报，2023，41（3）：41-46.

[243] 王振人. 风险感知对建筑工人安全行为影响关系分析 [D]. 天津大学硕士学位论文，2018.

[244] 温忠麟，叶宝娟. 中介效应分析：方法和模型发展 [J]. 心理科学进展，2014，22（5）：731-745.

[245] 吴建金，耿修林，傅贵. 基于中介效应法的安全氛围对员工安全行为的影响研究. 中国安全生产科学技术，2013，9（3）：80-86.

[246] 吴金南，钟妹玲，方红日，等. 铁路接触网工不安全行为复杂影响因素及层级关系研究 [J]. 安徽工业大学学报（自然科学版），2023，40（4）：469-476.

[247] 吴敬新，郭彬. 安全管理者不同领导风格对矿工不安全行为的影响研究 [J]. 中国煤炭，2022，48（9）：74-79.

[248] 吴伟杰，王燕青. 员工安全诚信与大五人格的关系研究 [J]. 安全与环境工程，2013，20（4）：119-122.

[249] 肖琴，罗帆. 基于双中介模型的空中交通管制员薪酬满意度对安

全绩效的影响研究 [J]. 安全与环境工程，2019，26（2）：169-177.

[250] 肖雯，李林英. 大学生心理资本问卷的初步编制 [J]. 中国临床心理学杂志，2010，18（6）：691-694.

[251] 续婷妮，栗继祖. 矿工职业倦怠与安全绩效的影响机理模型 [J]. 矿业安全与环保，2018，45（6）：112-116.

[252] 杨雪，冯念青，张瀚元，等. 情感事件视角矿工不安全行为影响因素 SD 仿真 [J]. 煤矿安全，2020，51（3）：252-256.

[253] 杨雪，田阳，仝凤鸣. 基于进化博弈的矿工情绪监管与不安全行为研究 [J]. 煤矿安全，2018a，49（8）：299-302.

[254] 杨雪，仝凤鸣，田阳，等. 有效规避矿工违章行为的激励机制选择 [J]. 管理世界，2018b，34（9）：186-187.

[255] 姚明亮，祁神军，张云波等. 管理安全干预对建筑工人不安全行为的影响及对策 [J]. 华侨大学学报（自然科学版），2020，41（5）：605-611.

[256] 叶宝娟，朱黎君，方小婷，等. 压力知觉对大学生抑郁的影响：有调节的中介模型 [J]. 心理发展与教育，2018，34（4）：497-503.

[257] 叶贵，王妍，任梦雪，等. 体力疲劳对建筑工人不安全行为的影响效应研究 [J]. 中国安全生产科学技术，2023，19（1）：122-127.

[258] 叶龙，李森. 安全行为学 [M]. 北京：清华大学出版社，2005.

[259] 叶新凤，李新春，王智宁. 安全氛围对员工安全行为的影响——心理资本中介作用的实证研究 [J]. 软科学，2014a，28（1）：86-90.

[260] 叶新凤，李新春，王智宁. 安全氛围对安全行为的影响：有调节的中介模型 [J]. 科学决策，2014b（10）：18-38.

[261] 尹朝阳，庞奇志，王柯钧，等. 基于 Moran 过程的建筑行业施工人员安全行为随机演化博弈分析 [J]. 安全与环境工程，2023，30（6）：73-80.

[262] 曾军. 基于心理资本和安全动机的矿工安全行为管理体系的构建研究 [J]. 内蒙古煤炭经济，2018（13）：94-95.

[263] 张江石，傅贵，王祥尧，等. 行为与安全绩效关系研究 [J]. 煤炭学报，2009，34（6）：857-860.

［264］张建设，毋遥，李瑚均，等．恢复性司法理念对工程项目安全管理行为的影响研究——安全意识和心理资本的链式中介作用［J］．建筑安全，2022，37（9）：63-68.

［265］张阔，侯荼燕，杨柯，等．心理资本与工作绩效的关系：基于本土心理资本理论的视角［J］．心理学探新，2017，37（3）：262-268.

［266］张铭．心理资本影响因素研究回顾及拟议框架［J］．商业经济与管理，2017（12）：24-34.

［267］张青霞，何雪礼．隧道工人心理资本构成及对安全行为的影响［J］．土木工程与管理学报，2019，36（5）：165-169+199.

［268］章少康，谭钦文，刘娟，等．基于大五人格特质理论的有意不安全行为研究［J］．工业安全与环保，2020，46（6）：51-55.

［269］张跃兵，张超，王志亮．安全行为特征的研究及其应用［J］．中国安全科学学报，2013，23（7）：3-7.

［270］赵大龙，田水承，王璟，等．矿工大五人格特质对煤矿险兆事件上报的影响［J］．西安科技大学学报，2018，38（3）：360-366.

［271］赵富强，陈耘，张光磊．心理资本视角下高校学术氛围对教师科研绩效的影响——基于全国 29 所高校 784 名教师的调查［J］．高等教育研究，2015a，36（4）：50-60.

［272］赵富强，陈耘，张光磊．施工企业辱虐管理对安全偏离行为的影响研究［J］．中国安全科学学报，2015b，25（6）：8-14.

［273］赵海颖，李恩平．基于群体心理资本对矿工个体不安全行为的跨层次影响研究［J］．矿业安全与环保，2020，47（3）：115-120.

［274］钟竞，罗瑾琏，韩杨．知识分享中介作用下的经验开放性与团队内聚力对员工创造力的影响［J］．管理学报，2015，12（5）：679-686.

［275］朱瑜，王凌娟，李倩倩．领导者心理资本、领导—成员交换与员工创新行为：理论模型与实证研究［J］．外国经济与管理，2015，37（5）：36-51.

［276］左彩霞．建筑施工企业管理者与工人安全行为对安全绩效的作用路径研究［D］．重庆大学硕士学位论文，2015.